MANUEL

DES JARDINIERS.

Et se trouve chez les libraires ci-après.

ANCELLE , à Evreux.

ANCELLE , à Anvers.

DEMAT , à Bruxelles.

MERCIÉ, Passage de la Comédie, à Lyon

FROUT , à Rennes.

LANDRIOT , à Riom.

ROUSSET , à Clermont.

VALLÉE , frères , à Rouen.

PREVOST , à Melun.

PECHERARD et MAME , à Tours.

DOYEN , à Reims.

BAUDIN aîné , à Nantes.

HUREZ , à Cambray.

PIC , à Turin.

KLOSTERMANN , à Saint-Pétersbourg.

KORN , à Breslau.

MANUEL
DES JARDINIERS,

OU

GUIDE DES TRAVAUX A FAIRE DANS LES JARDINS PENDANT LE COURS DE L'ANNÉE;

CONTENANT

La culture, tant sur couches qu'en pleine terre, de tous les légumes connus ; celle des arbres fruitiers ; la manière de les tailler, conduire et greffer ; celle des arbrisseaux et des fleurs qui peuvent orner un parterre et composer l'orangerie d'un curieux.

PAR UN AMATEUR.

A PARIS,

Chez ANCELLE, Libraire, rue de la Harpe, n°. 44, au coin de celle des Deux-Portes.

(1807).

AVIS.

Ce petit Manuel renferme tous les élémens de la culture des jardins : en observant les préceptes qui y sont indiqués, avec un peu d'intelligence, on peut travailler hardiment; il suffira d'appliquer, aux cas particuliers, les principes établis qu'il seroit impossible de décrire tous. Les règles sur ce sujet n'ont pas de bornes, à chaque instant il survient des faits nouveaux et des découvertes inattendues.

Malgré tous les soins pris pour éclaircir et faciliter la pratique de la culture, cet ouvrage peut, sans doute, être beaucoup perfectionné; son peu d'étendue n'a pas même permis d'entrer dans de très-longs détails; mais on y trouvera tous ceux

qui sont nécessaires pour se conduire dans les différentes parties
qui y sont traitées.

Les personnes qui désireroient se
procurer des graines potagères ou
autres, oignons à fleurs, arbres, arbrisseaux, etc., peuvent s'adresser
à MM. *Tollard* frères, place des
Trois-Maries, au bas du Pont-Neuf,
nᵒ. 4, à Paris; ils font des envois
de tous les objets qui concernent
leur état.

1811. JANVIER.

Signe, le Verseau ♒.

Les jours croissent de 31 minutes le matin,
et 32 le soir.

1 mardi	CIRCONCISION	
2 merc	s. Basile	Prem. Qu.
3 jeudi	ste Geneviève	le 1, à 10 h.
4 vend	s. Rigobert	40 min. du
5 same	s. Siméon	soir.
6 diman	ÉPIPHANIE	
7 lundi	s. Théau	
8 mardi	s. Lucien	
9 merc	s. Pierre	Pleine Lu.
10 jeudi	s. Paul, Her.	le 9, à 4 h.
11 vend	ste Hortence	26 min. du
12 same	s. Arcade	soir.
13 1 dim	Bapt. de N. S.	
14 lundi	s. Hilaire	
15 mardi	s. Maur, abbé	
16 merc	s. Guillaume	
17 jeudi	s. Antoine	Dern. Qu.
18 vend	Chaire s. Paul	le 17, à 9 h.
19 same	s. Sulpice	21 min. du
20 2 dim	s. Sébastien	soir.
21 lundi	ste Agnès	
22 mardi	s. Vincent	
23 merc	s. Ildefonse	Nouv. Lu.
24 jeudi	s. Babylas	le 24, à 5 h.
25 vendr	Conv. de s. P.	55 minu. du
26 samed	ste Paule	soir.
27 3 dim	s. Julien	
28 lundi	s. Charlemag.	Prem. Qu.
29 mardi	s. Franç. de S.	le 31, à 11 h.
30 merc	ste Bathilde	6 minu. du
31 jeudi	s. Pierre Nol.	matin.

FÉVRIER.

Signe, les Poissons)(.

Les jours croissent de 46 minutes le matin
et 47 le soir.

1	vendr	s. Ignace	
2	samed	PURIFICATION	
3 4 *dim.*		s. Blaise	
4	lundi	s. Philéas	
5	mardi	ste Agathe	
6	mercr	s. Vast, évêq.	
7	jeudi	s. Romualde	
8	vend	s. Jean de M.	Pleine Lu.
9	samed	ste Appoline	le 8, à 11 h.
10	*diman.*	*Septuagésime*	37 min. du
11	lundi	s. Severin	matin.
12	mardi	ste Eulalie	
13	merc	s. Lézin	
14	jeudi	s. Valentin	
15	vend	s. Faustin	
16	samed	ste Julienne	Dern. Qu.
17	*diman.*	*Sexagésime*	le 16, à 0 h.
18	lundi	s. Sylvain	12 min. du
19	mardi	s. Moyse	soir.
20	merc	s. Eucher	
21	jeudi	s. Flavien	
22	vendr	Chair de s. P.	
23	samed	s. Damien	Nouv. Lu.
24	*diman*	*Quinquagési.*	le 23, à 4 h.
25	lundi	s. Taraise	14 min. du
26	mardi	s. Alexandre	matin.
27	merc	*Cendres*	
28	jeudi	s. Romain	

Epacte......... VI.
Lettre Domin.... F.

M A R S.

Signe, le Bélier ♈.

Les jours croissent de 54 minutes le matin
et 54 le soir.

1	vend	Les 5 Plaies	
2	samed	s. Basile	Prem. Qu.
3	1 *dim.*	*Quadragésime*	le 2, à 2 h.
4	lundi	s. Casimir	6 minu. du
5	mardi	s. Drausin	matin.
6	merc	*Quatre-temps*	
7	jeudi	s. Godegrand	
8	vend	s. Jean de D.	
9	samed	ste Françoise	
10	2 *dim.*	*Reminiscere.*	Pleine Lu.
11	lundi	Les 40 Martyrs	le 10, à 6 h.
12	mardi	s. Pol, évêque	28 min. du
13	merc	s. Euphrasie	matin.
14	jeudi	s. Lubin	
15	vend	s. Longin	
16	samed	s. Abraham	
17	3 *dim.*	*Oculi*	Dern. Qu.
18	lundi	s. Alexandre	le 17, à 11 h.
19	mardi	s. Joseph	13 min. du
20	mercr	s. Joachim	soir.
21	jeudi	s. Benoît	
22	vend	s. Paul, évêq.	
23	samed	s. Simon	Nouv. Lu.
24	4 *dim*	*Lætare*	le 24, à 2 h.
25	lundi	A n n o n c i a t.	22 min. du
26	mardi	s. Ludger	soir.
27	merc	s. Rupert	
28	jeudi	s. Irénée	Prem. Qu.
29	vend	s. Eustase	le 31, à 7 h.
30	same	s. Rieule	6 minu. du
31	5 *dim.*	*Passion*	soir.

AVRIL.

Signe, le Taureau ♉.

Les jours croissent de 49 minutes le matin
et 49 le soir.

1	lundi	s. Hugues	
2	mardi	s. Franç. de P.	
3	merc	s. Richard	
4	jeudi	s. Ambroise	
5	vend	Compassion	
6	same	s. Prudence	
7	6 *dim.*	*Les Rameaux*	
8	lundi	s. Perpétue	Pleine Lu.
9	mardi	ste Marie	le 8, à 11 h.
10	merc	s Macaire	13 min. du
11	jeudi	s. Léon	soir.
12	vend	*Vendredi Saint*	
13	same	s. Jules, pape	
14	*diman*	PASQUES	
15	lundi	s. Tiburce	
16	mardi	s. Fructueux	Dern. Qu.
17	merc	s. Anicet	le 16, à 6 h.
18	jeudi	s. Parfait	58 min. du
19	vend	s. Elphege	matin.
20	same	s. Hildegonde	
21	1 *dim*	*Quasimodo*	
22	lundi	ste Oportune	Nouv. Lu.
23	mardi	s. Georges	le 23, à 0 h.
24	mercr	s. Marcellin	29 min. du
25	jeudi	s. Marc, *absti.*	matin.
26	vend	s. Clet, pape	
27	same	s. Polycarpe	Prem. Qu.
28	2 *dim.*	s. Vital	le 30, à 1 h.
29	lundi	s. Robert	12 min. du
30	mardi	s. Eutrope	soir.

M A I.

Signe, les Gémeaux ♊.

Les jours croissent de 40 minutes le matin
et 39 le soir.

1	merc	s. Jacq. s. Ph.	
2	jeudi	ste Athanase	
3	vend	Inv. ste Croix	
4	same	ste Monique	
5	3 *dim*	Conv. s. Aug.	
6	lundi	s. Jean P. Lat.	
7	mardi	s. Stanislas	
8	merc	s. Desiré	Pl. Lune
9	jeudi	s. Grégoire N.	le 8, à 0 h.
10	vend	s. Gordien	45 min. du
11	same	s. Mamert	soir.
12	4 *dim*	s. Nérée	
13	lundi	s. Servais	
14	mardi	s. Boniface	
15	merc	s. Isidore	Dern. Qu.
16	jeudi	s. Honoré	le 15, à 0 h.
17	vend	s. Paschal	35 min. du
18	same	s. Félix	soir.
19	5 *dim*	s. Célestin	
20	lundi	Les Rogations	
21	mardi	s. Hospice	
22	merc	ste Julie	Noûv. Lu.
23	jeudi	ASCENSION	le 22, à 10 h.
24	vend	s. Donatien	52 min. du
25	same	s. Urbain	matin.
26	6 *dim*	s. Phil. de N.	
27	lundi	s. Jean, pape	
28	mardi	s. Germain	Prem. Qu.
29	merc	s. Maximin	le 30, à 7 h.
30	jeudi	s. Hubert	22 min. du
31	vend	ste Pétronille	matin.

JUIN.

Signe, l'Ecrevisse ♋.

Les jours croissent jusqu'au 17, de 16 min.
matin et soir.

1	same	*Vigile-Jeûne.*	
2	diman	PENTECOT	
3	lundi	ste Clotilde	
4	mardi	s. Optat	
5	merc	*Quatre-Tems.*	
6	jeudi	s. Claude	Pleine Lu.
7	vend	s. Norbert	le 6, à 11 h.
8	same	s. Médard	17 min. du
9	1 dim.	*La Trinité*	soir.
10	lundi	s. Landry	
11	mardi	s. Barnabé	
12	merc	s. Basilide	
13	jeudi	FÊTE-DIEU	Dern. Qu.
14	vend	s. Ruffin	le 13, à 5 h.
15	same	s. Guy, mart.	24 min. du
16	2 dim.	s. Fargeau	soir.
17	lundi	s. Avit	
18	mardi	ste Marine	
19	merc	s. Gervais	
20	jeudi	*Oct. Fête-D.*	Nouv. Lu.
21	vend	s. Lenfroi	le 20, à 10 h.
22	same	s. Paulin	11 min. du
23	3 dim	s. Sylvere	soir.
24	lundi	NATIV. s. J. B	
25	mardi	s. Prospère	
26	merc	s. Babolein	
27	jeudi	s. Ladislas	Prem. Qu.
28	vend	*Vigile-jeûne*	le 29, à 0 h.
29	same	s. Pi. s. PAUL	27 min. du
30	4 dim	Com. s. Paul	matin.

JUILLET.

Signe, le Lion ♌.

Les jours diminuent de 28 minutes le matin
et 28 le soir.

1	lundi	s. Martial	
2	mardi	Visit. de N. D.	
3	merc	s. Anatole	
4	jeudi	Trans. s. Mar.	
5	vend	ste Zoé, mart.	
6	same	s. Tranquille	Pleine Lu.
7	5 *dim*	ste Aubierge	le 6, à 7 h.
8	lundi	ste Elisabeth	35 min. du
9	mardi	ste Victoire	matin.
10	merc	ste Félicité	
11	jeudi	Tr. s. Benoît	
12	vend	s. Gualbert	Dern. Qu.
13	same	s. Turiaf	le 12, à 10 h.
14	6 *dim*	s. Isaac	52 min. du
15	lundi	s. Henry	soir.
16	mardi	s. Eustate	
17	mecr	s. Spérat	
18	jeudi	s. Clair	
19	vend	s. Vincent	
20	same	ste Marguerite	Nouv. Lu.
21	7 *dim*	s. Victor	le 20, à 11 h.
22	lundi	ste Madeleine	13 min. du
23	mardi	s. Appolinaire	matin.
24	merc	ste Christine	
25	jeudi	s. Jacques mi.	
26	vend	s. Christophe	
27	same	s. Georges	Pr. Quar.
28	8 *dim*	ste Anne	le 28, à 3 h.
29	lundi	s. Loup, évê.	44 min. du
30	mardi	s. Abdon	soir.
31	merc	s. Germain	

AOUT.

Signe, la Vierge ♍.

Les jours diminuent de 48 minutes le matin
et 48 le soir.

1	jeudi	s. Pierre ès-li.	
2	vend	s. Etienne	
3	same	Inv. s. Etienn.	
4	9 *dim*	Susc. ste. Cr.	Pleine Lu.
5	lundi	s. Yon , mart.	le 4, à 3 h.
6	mardi	Transfig. N.S.	18 min. du
7	merc	s. Gaëtan	soir.
8	jeudi	s. Justin , m.	
9	vend	s. Romain	
10	same	s. Laurent	
11	10 *dim*	Susc. ste Cou.	Dern. Qu.
12	lundi	ste Claire	le 11, à 6 h.
13	mardi	s. Hypolite	16 min. du
14	merc	*Vigile-Jeûne*	matin.
15	jeudi	ASS. s. NAPO.	
16	vend	s. Roch	
17	same	s. Mammès	
18	11 *dim*	ste Hélène	
19	lundi	s. Louis, évê.	Nouv. Lu.
20	mardi	s. Bernard	le 19, à 2 h.
21	merc	s. Privat	21 min. du
22	jeudi	s. Symphorien	matin.
23	vend	s. Sidoine	
24	same	s. Barthélemi	
25	12 *dim*	s. *Louis*	
26	lundi	s. Zéphirin	
27	mardi	s. Césaire	Pr. Quar.
28	merc	s. Augustin	le 27, à 4 h.
29	jeudi	Déc. s. Jean	52 min. du
30	vend	s. Fiacre	matin.
31	same	s. Ovide	

SEPTEMBRE.

Signe, la Balance ♎.

Les jours diminuent de 51 minutes le matin,
et 51 le soir.

1	13 *dim*	s. Leu, s. Gille		
2	lundi	s. Lazare	Pl. Lune	
3	mardi	s. Grégoire	le 2, à 10 h.	
4	merc	ste Rosalie	44 min. du	
5	jeudi	s. Bertin	soir.	
6	vend	s. Onésiphe		
7	same	s. Cloud		
8	14 *dim*	Nat. de N. D.		
9	lundi	s. Omer	Dern. Q.	
10	mardi	s. Nicolas	le 9, à 4 h.	
11	merc	s. Patient	47 min. du	
12	jeudi	s. Serdot, év.	soir.	
13	vend	s. Maurille		
14	same	Exal. ste Croix		
15	15 *dim*	s. Nicomède		
16	lundi	s. Cyprien	Nouv. L.	
17	mardi	s. Lambert	le 17, à 7 h.	
18	merc	*Quatre-Tems*	6 minu. du	
19	jeudi	s. Jean Chris.	soir.	
20	vend	s. Eustache		
21	same	s. Matthieu		
22	16 *dim*	s. Maurice		
23	lundi	ste Thècle		
24	mardi	s. Andoche	Prem. Qu.	
25	merc	s. Firmin	le 25, à 3 h.	
26	jeudi	ste Justine	58 min. du	
27	vendr	s. Côme et D.	soir.	
28	samed	s. Céran		
29	17 *dim*	s. Michel		
30	lundi	s. Jérôme		

OCTOBRE.

Signe, le Scorpion ♏.

Les jours diminuent de 52 minutes le matin
et 52 le soir.

1	mardi	s. Remy	
2	merc	ss. Anges G.	Pleine Lu.
3	jeudi	s. Denis l'Ar.	le 2, à 7 h.
4	vend	s. François	24 min. du
5	same	ste Aure	matin.
6	18 *dim*	s. Bruno	
7	lundi	s. Serge	
8	mardi	ste Pélagie	
9	mercr	*s. Denis*	Dern. Qu.
10	jeudi	s. Géréon	le 9, à 7 h.
11	vend	s. Nicaise	9 minu. du
12	samed	s. Wilfrid	matin.
13	19 *dim*	s. Géraud	
14	lundi	s. Caliste	
15	mardi	ste Thérèse	
16	merc	s. Gal, abbé	
17	jeudi	s. Cerboney	Nouv. Lu.
18	vend	s. Luc, évang.	le 17, à 0 h.
19	samed	ste Uranie	2 minu. du
20	20 *dim*	s. Sendou	soir.
21	lundi	ste Ursule	
22	mardi	s. Mellon	
23	merc	s. Hilarion	Prem. Qu.
24	jeudi	s. Magloire	le 25, à 1 h.
25	vendr	s. Crépin Cr.	2 minu. du
26	same	s. Rustique	matin.
27	21 *d'm*	s. Frumence	
28	lundi	s. Simon s. Ju.	Pl. Lune
29	mardi	s. Faron	le 31, à 5 h.
30	merc	s. Lucain	28 min. du
31	jeudi	*Vigile-Jeûne*	soir.

NOVEMBRE.

Signe, le Sagittaire ⟵

Les jours diminuent de 41 minutes le matin
et 40 le soir.

1	vend	TOUSSAINT	
2	same	*les Morts*	
3	22 *dim*	s. Marcel	
4	lundi	s. Charles	
5	mardi	ste Bertille	
6	merc	s. Léonard	
7	jeudi	s. Achille	
8	vend	stes Reliques	Dern. Qu.
9	same	s. Mathurin	le 8, à 1 h.
10	23 *dim*	s. Léon	25 min. du
11	lundi	s. Martin, év.	matin.
12	mardi	s. René	
13	merc	s. Gendulfe	
14	jeudi	s. Maclou	
15	vend	s. Eugène	
16	same	s. Eucher	Nouv. Lu.
17	24 *dim*	s. Agnan	le 16, à 4 h.
18	lundi	ste Aude	37 min. du
19	mardi	ste Elisabeth	matin.
20	merc	s. Edmoud	
21	jeudi	Prés. de N. D.	
22	vend	ste Cécile	Prem. Qu.
23	same	s. Clément	le 23, à 9 h.
24	25 *dim*	s. Severin	47 min. du
25	lundi	ste Catherine	matin.
26	mardi	ste Geneviève	
27	mercr	s. Vital	Pleine Lu.
28	jeudi	s. Sosthènes	le 30, à 5 h.
29	vendr	s. Saturnin	20 min. du
30	same	s. André	matin.

DÉCEMBRE.

Signe, le Capricorne ♑.

Les jours diminuent de 20 min. jusqu'au 23,
et croissent de 4 min. jusqu'au 31.

1	1 *dim*	L'AVENT	
2	lundi	s. François X.	
3	mardi	s. Mirocle	
4	mercr	ste Barbe	
5	jeudi	s. Sabas	
6	vend	s. Nicolas	
7	same	ste Fare	Dern. Qu.
8	2 *dim*	CONCEPTION	le 7, à 0 h.
9	lundi	ste Gorgonie	22 min. du
10	mardi	s. Valère	matin.
11	mercr	s. Fuscien	
12	jeudi	ste Constance	
13	vend	ste Luce	
14	same	s. Nicaise	
15	3 *dim*	s. Mesmin	Nouv. Lu.
16	lundi	ste Adélaïde	le 15, à 7 h.
17	mardi	ste Olympiade	19 min. du
18	mercr	*Quatre-temps*	soir.
19	jeudi	s. Gatien	
20	vendr	s. Meuris	
21	samed	s. Thomas	
22	4 *dim*	s. Ischyrion	Prem. Qu.
23	lundi	ste Victoire	le 22, à 5 h.
24	mardi	s. Yves	39 min. du
25	merc	NOEL	soir.
26	jeudi	s. Etienne	
27	vend	s. Jean Evan.	
28	same	ss. Innocens	Pleine Lu.
29	*diman.*	s. Thomas	le 29, à 7 h.
30	lundi	ste Colombe	20 min. du
31	mardi	s. Sylvestre	soir.

A Paris, chez DEMORAINE, rue du Petit-Pont.

MANUEL

DU
BON JARDINIER.

De la disposition d'un jardin.

Un jardin doit être bien proportionné dans toutes ses parties, et présenter un aspect agréable. La situation la plus avantageuse pour un jardin, est, lorsqu'il est un peu en pente, et que sa pente est tournée au midi, ce qui l'abrite un peu du nord; quand la pente est trop considérable, alors il faut couper le terrain, et le disposer en terrasses; ce qui est très-agréable à la vue, mais aussi très-dispendieux par l'entretien continuel; mais, en général, un jardin est toujours plus beau quand il est plus long que large; c'est-à-dire qu'il a un tiers de plus en longueur que dans sa largeur.

Qualités de la terre.

On connoît une bonne terre quand,

par elle-même, elle donne des productions fortes et nombreuses sans s'épuiser, et lorsque les plantes y croissent avec vigueur. Il y a bien des sortes de terre, mais la meilleure pour faire un jardin, est celle qui est sans pierres, facile à labourer, ni trop sèche, ni trop humide. Ainsi, on est heureux quand on veut faire un jardin, de trouver une terre forte, franche, légère et facile à labourer. Il suffira de lui donner des engrais et des labours fréquens, parce que plus une terre est remuée et labourée, plus elle est propre à la végétation. On peut bien, avec des fumiers, améliorer les autres terres; mais elles sont plus difficiles à travailler. Quant aux terres glaisées, grasses, brûlantes, etc., il ne faut pas espérer d'en faire un bon sol pour les plantes, il vaut mieux renoncer alors à les mettre en jardin.

Manière de défoncer une terre.

Un défoncement fait comme il faut, est des plus avantageux pour toutes sortes de plantes. Défoncer, en termes de jardinage, c'est faire un changement total de terre, d'une place à l'autre, ensorte que le dessus de la terre remuée prend la place de celle de dessous. Il se fait, par ce changement, une terre neuve qui reçoit plus facilement les influences de l'air; et cela joint à la chaleur du soleil et aux pluies, qui servent à en dissoudre les parties, et à les émouvoir, opère des effets surprenans dans la végétation des plantes.

Quand on est déterminé à défoncer telle ou telle étendue de terre, plus ou moins grande, on commence par ouvrir une tranchée profonde de trois pieds; on jette la terre devant soi, ce qui fait une espèce de fossé qu'on remplit des terres successivement prises : on continue de travailler ainsi jusqu'à la fin de cette étendue de terre qu'on veut fouiller.

Le défoncement achevé, on unit le terrain. Il faut examiner et reconnoître de quel côté est la pente, afin de la conserver, parce qu'elle est nécessaire à un potager, pour faciliter l'écoulement des eaux. On dresse les carrés pour le potager; on trace les chemins aussi longs et aussi larges que le terrain le permet; observant de donner aux plates-bandes le long des murailles, six pieds de largeur et neuf pour celles où on veut mettre des contre-espaliers.

L'agrément d'un jardin, c'est d'avoir

ses planches bordées de plusieurs plantes utiles, on y emploie ordinairement
le thim, la sauge, la lavande, la marjolaine, la mélisse, l'hysope, l'oseille,
la pimprenelle, les fraisiers, etc.

Dans la disposition du jardin, on conserve un endroit propre pour les couches:
elles doivent être placées à l'abri, et
dans une bonne exposition, telle que
celle du midi ou du levant.

Utilité d'un jardin et de son agrément.

Pour qu'un jardin soit utile et agréable, il faut qu'il soit entouré de murailles de neuf pieds au moins de hauteur, afin de pouvoir y placer des arbres
pour avoir des espaliers; si on vouloit
faire régner des cordons de vigne au
dessus, il les faudroit faire élever de
onze à douze pieds. En général, il ne
faut mettre que des arbres nains en espalier, à moins d'avoir des murs très-
élevés qui permettent de placer des tiges
entre chaque nain.

Comme les arrosemens dans les jardins sont indispensables pendant quatre
à cinq mois de l'année, il faut faire ensorte que l'eau ne manque pas, autrement on ne peut espérer d'avoir de
beaux légumes, qui veulent être hu-

mectés pendant le printemps et l'été.

Amendemens des jardins.

Une terre, bonne et excellente, s'use néanmoins à la longue, parce que son sel et sa substance s'épuisent par les différentes productions des végétaux qu'on y cultive : pour l'entretenir dans sa fécondité, il faut la réparer, en lui restituant par les engrais les sels que ses productions lui ont fait perdre.

Ce n'est point la terre qui s'use, elle ne dépérit pas par ses grandes productions : c'est seulement son sel qui diminue ; sel qui l'anime, et dans lequel réside sa fertilité. Pour la rendre aussi fertile qu'elle étoit auparavant, il faut donc l'amender ou l'améliorer. Cette amélioration se fait par le moyen des fumiers de toute espèce.

Il ne faut pas fumer à l'excès. On pèche cependant moins par le trop que par le trop peu : si l'on veut avoir de beaux légumes, bien nourris, ce n'est que par le secours des fumiers que l'on peut les attendre. Le jardinier intelligent doit connoître la terre qu'il veut amender pour telles ou telles plantes, et lui donner les engrais à proportion de son besoin.

A l'égard de tous les fumiers qu'on emploie pour les amendemens, les uns sont chauds et légers, tels que ceux de chevaux, de moutons et de pigeons; d'autres sont gras et rafraîchissans, tels que ceux de bœufs, de vaches et la boue des rues. On doit employer les fumiers chauds et légers dans les terres humides, pesantes et froides, afin de les échauffer; et les fumiers gras et rafraîchissans dans les terres maigres et légères, afin de les animer et de les rendre plus fertiles.

L'hiver est le temps favorable pour fumer les jardins, sur-tout lorsqu'il gèle, pour ne point fouler la terre. On destine cette saison aux amendemens, parce que le fumier a besoin d'être étendu sur la terre, afin que les pluies et les neiges en répandent la substance.

Du labour des jardins.

Labourer, c'est remuer la superficie de la terre jusqu'à huit à dix pouces de profondeur, de sorte que celle de dessous prenne la place de celle de dessus.

Ces labours se font avec la bêche, ou avec la houe, quelquefois même avec la fourche, pour la rendre meuble et légère. Les pluies, les rosées, jointes à la chaleur du soleil, l'échauffent plus aisément , la rendent fertile et plus propre à produire.

Le temps de labourer les jardins, est environ la mi-automne, lorsque la terre est sèche. La gelée la rend d'autant plus meuble et légère, et les labours faits en cette saison détruisent les mauvaises herbes.

Après un labour général, on laisse reposer la terre pendant l'hiver. S'il gèle, on transporte et on répand les fumiers, afin que les pluies, les neiges et la grèle venant à tomber en dissolvent le sel. Au sortir de l'hiver, on doit enterrer ce fumier avec la bêche, environ à quatre ou cinq pouces de profondeur seulement, pour ne pas le mettre hors de la portée des racines des plantes.

On doit bien se garder de labourer la terre, lorsqu'elle est ou trop sèche ou trop humide. Dans ce dernier cas, elle se convertit trop aisément en mortier : elle se scèle en séchant, et ce travail ne vaut rien pour la production des plantes. Il ne faut pas non plus labourer par la grande sécheresse, quelques binages suffisent : il faut encore éviter de labourer quand les arbres fleurissent, et

lorsque la vigne commence à pousser,
parce qu'ils s'élève d'une terre nouvellement remuée des exhalaisons humides,
capables de gâter et de perdre les fleurs
des arbres, ainsi que les jeunes bourgeons
de la vigne qui sont alors fort tendres.

Du Jardinier.

Un jardinier doit être attentif, sage,
prudent et laborieux pour bien exercer
son art : il doit réfléchir, car s'il n'a que
la routine ordinaire, il n'est propre qu'à
planter des choux ; il doit être fort et
robuste, parce que le travail du jardinage a quelque chose de rude ; il doit
être matinal et vigilant sur tout ce qui
regarde son emploi ; savoir labourer,
semer et planter ; être habile dans la
taille des arbres, se connoître en fruits,
savoir écussonner et greffer. S'il sait
dessiner, ce sera un avantage dont il
se servira pour conduire et entretenir
le jardin qu'il a sous sa direction.

Je ne dirai rien des outils du jardin,
tout le monde connoît ceux qui sont nécessaires, mais l'essentiel est que le
jardinier les soigne, et ne les laisse ni
rouiller ni pourrir en les laissant traîner
par-tout, et qu'il ait l'attention de les
rentrer tous les jours.

Des couches, des cloches, et des châssis.

On appelle couche une certaine quantité de fumier, rangée et disposée avec art, propre à hâter l'accroissement des plantes avant le temps ordinaire. On emploie à cet usage le fumier des chevaux qui est rempli de chaleur, et qui agit promptement lorsqu'il est nouvellement tiré des écuries.

On doit toujours placer les couches dans une belle exposition : la plus favorable est celle du midi ; elles doivent être larges de trois à quatre pieds ; on ne risque rien de les faire hautes, parce qu'elles baissent toujours assez. Si le fumier se trouve trop sec, il faut le mouiller, en dressant la couche à différentes reprises, pour la faire affaisser et échauffer, et lui donner une pente de deux à trois pouces dans toute sa longueur, afin qu'elle reçoive mieux le soleil.

Le fumier préparé, on dresse proprement et également la couche ; on foule le fumier avec les pieds, particulièrement sur les bords ; et avec les dents de la fourche, on la peigne, on la bat tout autour, ensuite on met du

terreau sur cette couche ; il faut qu'il
soit vieux et changé en une terre noire,
légère, et, pour ainsi dire, sans apparence de ce qu'il a été dans son origine.

On doit observer, à l'égard des ter-
reaux, qu'ils ne sauroient être trop me-
nus, ni trop légers, ni trop secs, pour
toutes espèces de plantes, et pour les
rendre tels, il faut les passer par la
claie. On a observé que deux tiers de
terreau mêlé avec de la terre franche
bien émiée produisoit de plus belles
plantes.

La couche étant chargée de terreau,
il faut attendre sept à huit jours, avant
que d'y semer ou planter, pour lui donner le temps de s'échauffer, ensuite
laisser à cette violente chaleur le temps
de se modérer, ce qu'on connoît aisément lorsque la couche est affaissée, et
qu'en enfonçant la main dans le terreau, on en peut souffrir la chaleur;
pour lors on distribue le terreau, on le
rend uni ; ensuite on se sert d'une
planche qu'on pose sur le côté de la
couche, à deux pouces près du bord,
et de la main on approche et on presse
ce terreau contre la planche soutenue
par le genou, pour lui faire acquérir
de la consistance, ensuite on dispose

les semences ou les plants destinés à y
entrer.

Quand une couche perd sa chaleur,
on la réchauffe tout autour avec de
longs fumiers neufs. S'il est question de
changer les réchauds, il n'est pas toujours nécessaire d'employer des fumiers
neufs, il suffit de les bien remuer, s'ils
ne sont point pourris, ce qui occasionne
encore une chaleur nouvelle pour quelque temps ; si on doute de l'effet, on y
mêle un tiers de fumier neuf.

Pour faciliter la croissance des plantes, il faut des cloches, des châssis, ou
de grandes litières pour les garantir des
injures du temps, et pour augmenter
sur elles l'action du soleil.

Il y a des cloches soufflées, et des cloches d'assemblage montées en plomb,
que font les vitriers.

Les châssis sont préférables aux cloches, ils durent plus long-temps, les
plantes y sont plus à leur aise, elles
sont plus hâtives et mieux condition-
nées ; on doit savoir que plus les semences et les plantes sont près du verre,
soit des cloches, soit des châssis, plus
elles profitent des bienfaits du soleil.
Outre les cloches et les châssis, les
couches demandent encore quelques

abris, qui sont des couvertures de paillassons ou de grandes litières, pour être
garanties des fortes gelées.

Des plantes : instructions nécessaires sur les graines.

Toutes les plantes naissent et se multiplient chacune de leurs semences : la
terre leur sert de matrice par la vertu
du soleil ; elle les attendrit, elle leur
ouvre les pores, elle y introduit une
humeur nitreuse, qui pénètre, déve-
loppe et étend les parties de la plante ;
alors cette plante commence à se faire
voir sur la superficie de la terre, le suc
nourricier circule dans ses fibres, qui
font l'office des veines, des artères et
des nerfs, il les dilate, les étend, et les
fait croître jusqu'à la hauteur qui leur
convient.

Toutes les plantes tirent leur nourriture de leurs racines, les pores y sont
plus disposés qu'ailleurs à recevoir le
suc de la terre. Le suc circulant dans
ces vaisseaux, se purifie, s'y raréfie,
s'y perfectionne, et fait en même-temps
la nourriture de la racine, de la plante,
de la tige, des branches, des feuilles,
des fleurs, des fruits et des semences.
Avant d'entrer dans le détail des plantes,

et

et de leur culture, je vais indiquer les travaux à faire chaque mois de l'année.

Travaux à faire dans le potager et le verger pendant le cours de l'année.

Janvier.

Détruire les vieilles couches, en séparer le terreau qu'on met en lieu sec pour l'employer au besoin.

Transporter le fumier sur les terres que l'on veut amender.

Déchausser les arbres languissans, leur donner des amendemens ou les fumer.

Semer l'oignon *dit* Saint-Antoine.

Visiter la serre chaque jour pour y soigner et nettoyer les plantes, les aérer, et continuer jusqu'à ce qu'elles soient dehors.

Planter des pois hâtifs, et des fèves si le temps le permet.

Tailler la vigne, les poiriers et les pommiers.

Faire provision de fumier, pour former des couches nouvelles.

Ebrancher les arbres à plein vent.

Février.

Détruire les coques ou les œufs de chenilles.

Faire les premières couches pour la petite laitue et les radis.

Planter des pois et des fèves.

Semer des poireaux.

Semer les premiers melons sur couches nouvelles.

Planter toutes espèces d'arbres fruitiers.

Tailler les arbres.

Semer les choux de Savoie et les choux rouges.

Greffer les fruits à noyaux.

Mars.

Faire des couches nouvelles, pour semer et repiquer les melons.

Planter des pois et des fèves.

Semer le cerfeuil et le cresson.

Le persil et les épinards.

La graine d'oignons dans les terres légères.

Les poireaux.

Continuer la taille des arbres.

Semer les pépins des orangers.

Semer laitues à pomme, romaines, chicons et batavia ; chicorées-scarole.

Semer la graine d'asperges.

La bette blanche, la betterave, la carotte, le panais, la bonne dame.

Semer les choux à pomme, l'hysope et l'oseille.

Les radis, la ciboule.

Le pourpier vert sur couches.

Le céleri sur couches.

Le salsifis blanc.

Planter en place les choux qui ont passé l'hiver.

— L'ail et l'échalotte.

— Le thim et la sauge.

— La lavande et la mélisse.

— La marjolaine.

— Les groseilliers, framboisiers et fraisiers.

— Les asperges.

— La moutarde.

— La sariette.

— Les derniers melons.

— Les concombres sur couches.

Avril.

Tailler, au commencement de ce mois, les pêchers et les abricotiers.

Faire des couches nouvelles pour planter les melons.

Semer la scorsonère.

Veiller les labours.

Greffer les poiriers et pommiers.

Découvrir les artichauts et les figuiers.

Semer le céleri en pleine terre.

Nettoyer les allées du jardin.

Semer les laitues à pomme et de toutes espèces.

Planter pois et fèves.

Transplanter l'oseille.

Semer des radis.

Faire des couches et des meules de champignons.

Faire d'autres couches pour transplanter les melons.

Semer le fenouil, la capucine.

Le poivre long et la bourrache.

Transporter le raifort sauvage.

Semer et transplanter la buglose, et œilletonner les artichauts, les planter.

Planter les premiers haricots, le chervis.

Semer le cardon d'Espagne.

Arroser au besoin.

Mai.

Couper, arracher et détruire toutes les mauvaises herbes.

Planter les haricots, disposer la terre pour planter les choux à pomme.

Semer le basilic sur nouvelles couches.

Semer le pourpier doré sur couches et en pleine terre.

Semer les premières endives.

Tailler les melons.

Planter pois et fèves.

Semer la chicorée sauvage.

Ramer les pois.

Semer le chou-fleur.

Semer la laitue à pomme et de toutes espèces ; la romaine, les chicons et le batavia.

Semer le concombre et la citrouille en pleine terre.

Repiquer le céleri en pleine terre.

Planter les derniers melons sur les nouvelles couches.

Eclaircir toutes les plantes qui ont levé trop épais, et qui s'étioleroient.

Semer le cerfeuil et le cresson.

Planter la laitue à pomme.

Juin.

Planter le chou à pomme et de toutes espèces.

Semer des endives, transplanter le céleri.

Planter des haricots.

Semer les premiers navets.

Semer les derniers chou-fleurs.

Planter les poireaux.

— Les cardons d'Espagne.

— Les pois.

Semer le pourpier.

Ramer les pois et les haricots montans.

Planter les premiers chou-fleurs.

Tondre le buis, couper toutes les herbes odoriférantes.

Ebourgeonner et palisser la vigne.

Ecussonner les espèces de fruits à noyau.

Suppléer au défaut des pluies par d'amples arrosemens.

Ebourgeonner et palisser les pêchers et abricotiers.

Planter les endives et les laitues.

Arracher sur-tout les mauvaises herbes qui empoisonneroient le jardin.

Juillet.

Achever d'ébourgeonner et de palisser la vigne, les pêchers et les abricotiers, si on n'avoit pu entièrement le faire dans le mois précédent.

Ecussonner encore les fruits à noyaux.

Semer des navets et des endives.

Planter les derniers pois.

Transplanter le céleri en rigoles ou en pleine terre.

Ecussonner les fruits à pepins.

Planter les derniers haricots et les derniers chou-fleurs.

Semer les dernières laitues à pomme et les dernières endives.

Planter des laitues et des endives.

Déplanter l'ail et l'échalotte.

Recueillir les graines parvenues à leur maturité.

Semer encore de la graine de pourpier.

Ebourgeonner et palisser les poiriers et les pommiers.

Recueillir les pois mûrs.

Semer les navets.

Arroser fréquemment selon la sécheresse, et arroser de manière à bien pénétrer la terre qui, sans cela, ne seroit qu'altérée.

Août.

Achever d'ébourgeonner et palisser les poiriers et les pommiers.

Semer les derniers navets, planter des laitues et des endives.

Découvrir les fruits ombragés de leurs feuilles, en coupant la feuille à moitié, car il faut bien se garder de l'arracher.

Vers la fin du mois, semer les laitues pour passer l'hiver.

Semer les choux rouges et ceux de Savoie pour passer l'hiver.

Semer épinards, cerfeuil et mâche.

Persil, raiponse, et oseille.

La petite rave ou radis.

Couper le montant des artichauts qui ont porté leurs fruits.

Adosser le céleri pour la première fois.

Arroser beaucoup, si le temps le demande.

Septembre.

Ebourgeonner la vigne pour la seconde fois.

Semer la graine d'oignon, d'épinard et la laitue pour passer l'hiver.

Semer le cerfeuil et la mâche.

Etre exact à recueillir ses graines.

Adosser le céleri pour le faire blanchir.

Lier les feuilles des choux-fleurs si le fruit n'est pas assez blanc.

Commencer à faire blanchir les cardons d'Espagne.

Sarcler et éclaircir les plantes qui ont levé trop épais.

Planter les fraisiers et le buis.

Dans ce mois, les fruits ont atteint leur grosseur et leur maturité, il faut les récolter selon leurs espèces.

Octobre.

Continuer de butter le céleri pour le faire blanchir.

Empailler et adosser les cardons d'Espagne.

Continuer de lier les feuilles du chou-fleur pour l'attendrir et procurer le degré de blancheur nécessaire à sa pomme.

Planter en pépinière, à de bons abris, les choux à pommer l'été suivant, pour les conserver pendant l'hiver.

Planter les laitues d'hiver à de bonnes expositions.

Arracher la carotte et la betterave.

Cueillir le fruit mûr.

Nettoyer pour la dernière fois les allées du jardin.

Labourer pour la dernière fois, avant l'hiver, les terrains vides.

Novembre.

Planter en ce mois toutes espèces d'arbres fruitiers.

Couper le montant des asperges; planter la vigne.

Commencer à butter les artichauts.

Planter en cave profonde la chicorée sauvage.

S'approvisionner de longs fumiers pour couvrir les artichauts.

Continuer à faire blanchir les cardons d'Espagne.

Détacher et couvrir le figuier avec des longues litières.

Transporter du jardin tout ce qui pourroit périr par la gelée.

On peut sans crainte tailler les arbres, principalement ceux languissans qu'il faut fumer et rabattre à raison de leurs forces.

Décembre.

Couvrir avec de grandes litières les artichauts qui doivent être buttés.

Tailler dans ce mois la vigne et les arbres.

Planter les arbres fruitiers.

Transporter le fumier sur les terres qui en ont besoin.

Planter les groseilliers et les framboisiers.

Ebrancher les arbres à plein-vent.

Couvrir le céleri avec de grandes litières.

Déplanter les choux pommés et les mettre en pépinières à l'abri des injures de l'hiver.

CULTURE DES PLANTES POTAGÈRES.

De l'absinthe.

L'absinthe est une plante aromatique qui se multiplie de graines, et mieux de ses rejetons enracinés qu'on éclate pour les séparer des vieux pieds;

cette opération se fait vers la fin de mars ; elle réussit en toutes terres et à toutes expositions ; ses graines se conservent deux ans.

Ses propriétés.

L'absinthe est vulnéraire, fortifiante, excite les urines, est apéritive, hystérique, diurétique, digestive, vermifuge et désopilante, son infusion dans du vin blanc est bonne contre l'hydropisie : elle corrige les aigreurs, et guérit les coliques venteuses et la jaunisse. Ses tiges mises entre les matelas réunissent les puces et les punaises : elles chassent aussi les mites.

De l'ail.

L'ail est une espèce d'oignon qui multiplie de ses gousses qu'on éclate de leur tête : ces gousses se plantent en mars sur des planches ou plates-bandes dressées au cordeau, et espacées de quatre à cinq pouces en tous sens ; l'ail produit beaucoup, en lui donnant de l'eau au besoin, et ayant soin de le dégager des mauvaises herbes. Le temps de la maturité est en juillet. On le tire de terre, et on le met dans un lieu sec.

Ses propriétés.

L'ail chasse les vents, provoque les urines, consomme les viscosités de l'estomac, excite l'appétit, guérit la gale et la teigne, étant écrasé et mêlé avec du beurre frais; appaise le mal de dents et aide à la digestion. C'est un préservatif contre le mauvais air et dans un temps de peste, on en avale une gousse le matin à jeun, ou on la tient dans la bouche; il est également bon aux asthmatiques.

De l'artichaut.

L'artichaut est une plante vivace. Pour peu qu'un jardin soit spacieux, on doit y en planter.

Il y en a de plusieurs espèces ; le violet et le vert piquant sont à préférer, ils se multiplient tous deux d'œilletons enracinés. Le vert est celui dont on doit faire le plus d'usage et qu'il faut préférer. Il vient ordinairement gros en le plantant dans un bon terrain, le cultivant bien et l'arrosant souvent.

Lorsque les œilletons sont prêts d'être séparés du pied, on doit préparer un terrain propre à les planter : on choisit à cet effet un carré du jardin situé dans une des meilleures expositions, on prend

soin

soin de bien le fumer et de le labourer
profondément dans le mois de mars ;
on laisse ensuite reposer cette terre
jusqu'à la fin d'avril, plutôt même si
les jeunes œilletons sont prêts à être séparés ; on laboure le carré une seconde
fois, pour y recevoir ces jeunes plantes
fraîchement détachées des vieux pieds.

On œilletonne ordinairement les artichauts vers la fin du mois d'avril,
plutôt même s'ils sont assez forts, et
qu'on n'ait plus à craindre de fortes
gelées : on découvre avec la bèche la
souche de chaque artichaut que l'on
veut œilletonner ; et de tous les œilletons qu'on y voit, il faut toujours laisser
les deux ou trois plus forts pour porter
fruits, et observer qu'ils ne soient trop
près voisins les uns des autres, et qu'ils
tiennent profondément à la souche.

Il faut observer que, si l'on veut laisser
trois œilletons pour porter fruit dessus
un seul pied, il faut que ce pied ait de
la force ; autrement on n'en doit laisser
qu'un ou tout au plus deux, parce que
moins on en laisse, plus le fruit devient
gros.

Cette observation faite, on prend les
œilletons les uns après les autres, on pose
le pouce entre la racine et l'œilleton,

on les sépare. Quand ces œilletons sont détachés, et le pied déchargé de tout ce qui pourroit lui nuire, on en recouvre aussitôt les racines : ensuite on choisit les plus beaux et les plus forts œilletons, sur-tout ceux qui ont de bonnes racines, sans quoi il faut les rejeter, puis on coupe les feuilles à moitié, et on les plante deux à deux à six pouces l'un de l'autre, à la distance de trois pieds en tout sens ; il faut les arroser jusqu'à ce qu'ils soient bien repris.

L'artichaut est susceptible de geler : il arrive assez souvent que le défaut de soin pendant l'hiver le fait périr. Pour prévenir cet inconvénient, on doit, vers la mi-novembre, plutôt même, s'il y a apparence de gelée, couper les feuilles de chaque artichaut à la hauteur de six à huit pouces de terre ; ensuite les butter de terre prise entre les rangées, ce qui fait des espèces de rigole ; et lorsque la gelée commence à se faire sentir, il faut les remplir avec du grand fumier à fleur des mottes seulement, de crainte que l'artichaut ne vienne à pourrir : on levera ce fumier à la fin de mars, ou plutôt selon la saison.

On ôte tout le fumier, et on laboure le carré avec l'attention de choisir les terres les plus fines pour mettre sur le pied, afin de faciliter aux œilletons de repousser, de reverdir et de faire de bonnes racines.

On empaille aussi les artichauts comme les cardons pour les faire blanchir ; il est toujours bon de choisir les plus vieux qu'on veut détruire. La durée ordinaire de l'artichaut est de cinq à six années, passé lequel temps il dépérit. L'artichaut se multiplie aussi de graines comme le cardon.

Ses propriétés.

L'artichaut est cordial, apéritif, purifie le sang, fortifie le cœur, rétablit les forces, est nourrissant, restaurant et sudorifique ; il ne convient point aux tempéramens chauds et venteux. Sa racine cuite dans du vin blanc provoque fortement les urines.

De l'asperge.

Il y en a trois espèces : l'asperge commune, l'asperge de Hollande, nommée *asperge de Marchiennes*, et l'asperge maritime, appelée *asperge de Gravelines.*

L'asperge commune produit beaucoup, mais ses tiges sont petites.

L'asperge de Hollande produit de

grosses tiges; plantée dans un bon fonds, elle multiplie peu, et ne se conserve belle que quatre à cinq années, après quoi elle dégénère.

L'asperge maritime a toutes les bonnes qualités, elle est hâtive, donne ses tiges aussi fortes que la précédente; bien cultivée et plantée dans un bon fonds de terre, elle est d'un meilleur rapport, produit beaucoup, peut se conserver et durer vingt à trente ans.

L'asperge est de tous les légumes celui qui a le plus de qualités essentielles, elle fournit abondamment pendant deux mois, et sa culture est peu embarrassante.

La graine d'asperge se sème en mars, dans une terre bien préparée; cinq ou six semaines après elle lève de terre. Il faut sarcler ce plant autant de fois qu'il en a besoin, l'arroser de temps en temps afin de le fortifier pendant la première année : en mars de la seconde année, ce plant est propre à planter, on le lève avec la fourche pour ne point blesser les racines, ou greffes, que l'on plante ensuite selon les règles du jardinage dans le lieu destiné.

L'asperge demande une bonne terre et une bonne exposition ; pour bien produire et en avoir de bonne heure, elle se plante sur des planches creusées en terre, profondes d'un bon pied sur quatre de large ; on jette dans le fond des planches un demi-pied de fumier bien pourri, ensuite sur ce fumier on met un pouce de bonne terre, puis on dispose ce plant en trois rangées dans chacune des planches, à la distance de quinze à dix-huit pouces d'une plante à l'autre ; ce plant étant placé et bien rangé, on le couvre de deux pouces seulement de bonne terre ou de terreau ; observant de laisser entre les planches un pied et demi de terrain vide pour les sentiers.

Méthode plus facile pour planter les asperges.

1°. Commencer vers la fin d'octobre par enlever cinq pouces de terre dans l'endroit où l'on veut planter les asperges.

2°. Se servir de la bêche pour donner un labour le plus profond qu'il est possible, afin de bien remüer la terre.

3. Epancher sur cette terre nouvellement labourée un demi-pied de fumier à moitié consommé.

4°. Laisser reposer cette terre couverte de fumier jusques vers la fin de mars ; alors il faut planter les plants d'asperge à mesure qu'on bêche dans le fond de la rigole, trois pouces de profondeur seulement suffisent. On doit se servir de cordeau pour les poser en ligne droite, à quinze pouces régulièrement les uns des autres, et ainsi des autres rangées.

La première planche plantée est composée de trois rangées, il faut observer de laisser trois ou quatre pieds de terrain vide ; c'est une disposition pour l'avenir : si l'on veut réchauffer les asperges dans le mois de février, plutôt même pour les avoir bonnes à manger quinze jours ou trois semaines après, on commence par ôter deux pieds de profondeur de la terre des sentiers entre les planches, on remplit ces vides avec du fumier de cheval neuf, qu'on a soin de bien piétiner et couvrir ensuite de trois à quatre pouces de terre. Le fumier venant à s'échauffer, communique sa chaleur aux planches d'asperges à ses côtés, les réveille et fait pousser leur tige pendant un mois ou six semaines, après lequel temps on les laisse ; on retire le fumier, on remplit les sentiers avec la terre qu'on y avait pris, et selon la consommation d'asperges qu'on veut faire, on dispose les planches qui doivent se succéder d'années à autres, en les réchauffant les unes après les autres.

S'il arrive que quelques plantes aient manqué de pousser, soit par la pourriture ou la sécheresse, il faut être exact à reconnoître les places, il faut les marquer avec un petit bâton, et les remplacer au mois de mars suivant; au mois d'octobre de la seconde année qu'elles sont plantées, on rapporte les terres qu'on a été obligé d'enlever, afin de remettre les planches et rendre le carré uni.

L'asperge produira beaucoup si on a soin d'arracher les mauvaises herbes: il faut couper les tiges dans le mois de novembre, lorsque la graine est rouge, ensuite épancher le fumier dessus : au mois de mars suivant donner un petit labour, profond de trois ou quatre pouces seulement, et le réitérer tous les ans.

Ses propriétés.

L'asperge est apéritive, excite l'appétit, ouvre les conduits de l'urine, dissout la pierre, le sable des reins et

de la vessie, provoque l'urine et la rend
d'une odeur désagréable. Ses racines
sont employées dans les tisanes et les
bouillons apéritifs.

Du basilic.

Le basilic se multiplie de graines qui
lèvent promptement en pleine terre dans
les pays chauds ; mais dans ce climat il
faut le semer, en février ou mars, sur
couche, et lorsqu'il a atteint une tren-
taine de feuilles, on le plante plus au
large, afin de lui procurer une figure
ronde. Cette plante veut être arrosée
souvent, et sur-tout dans les grandes
chaleurs. Sa graine dure trois ans.

Ses propriétés.

C'est toujours avant qu'il soit en fleur
qu'il faut cueillir le basilic, parce qu'a-
lors il a plus de force et de sève ; on le
fait sécher dans un lieu bien aéré. Ses
feuilles prises en guise de thé, dissipent le mal de tête, excitent les urines,
chassent les vents, aident à la respiration, sont pectorales, et fortifient les
nerfs.

De la bette blanche.

La graine de la bette blanche se sème

en mars ; lorsqu'elle est propre à planter, on prépare une ou plusieurs planches sur lesquelles on tire des alignemens au cordeau, à la distance d'un pied en tout sens. Ce légume produira beaucoup en l'arrosant souvent, et ne négligeant pas d'ôter les mauvaises herbes. Sa graine dure trois ans.

Ses propriétés.

Les feuilles aident a la digestion, lâchent le ventre, purifient le sang, sont émollientes et adoucissantes ; elles s'emploient dans les décoctions et les lavemens ; en les appliquant sur la peau enlevée par les vésicatoires et les mouches cantharides, elles facilitent l'écoulement des humeurs ; en les mettant sur une tumeur, elles la mûrissent. Elles sont bonnes contre les inflammations des hémorroïdes ; la racine a la vertu de lâcher le ventre aux enfans si on en introduit un morceau dans le fondement, après l'avoir saupoudré avec un peu de sel.

De la betterave.

C'est toujours vers la fin du mois de mars qu'on sème la graine dans une terre bien fumée et profondément la-

bourée, sans quoi elle est sujette à
fourcher. Si les betteraves lèvent trop
épais, il faut nécessairement les éclaircir; quand elles ont atteint six ou huit
feuilles, on les met à un pied de distance, les unes des autres, afin de les
avoir grosses; on les déplante vers la
fin d'octobre, pour les mettre en lieu
de réserve et les garantir de la gelée.
Les graines durent deux ou trois ans.

Ses propriétés.

La racine de betterave est très-saine,
elle se mange en salade, seule ou avec
la mâche, la chicorée-sauvage, etc.;
bien pilée et mêlée avec du beurre frais,
elle fait un souverain remède contre
les inflammations des hémorroïdes.

De la bonne-dame.

On sème la graine en différens temps,
depuis la fin de février jusques dans le
mois de juin, à pleine main, ou dans
des rayons tirés au cordeau, à la distance de huit à dix pouces les uns des
autres, dans une terre amendée et bien
labourée; cette plante croît dans toute
espèce de terrain, pourvu qu'on lui
donne de l'eau lorsqu'elle lève de terre,
et qu'on ne la laisse point suffoquer par

les mauvaises herbes. Sa graine dure quatre ans.

Ses propriétés.

La bonne-dame est humectante et rafraîchissante, elle amollit et relâche le ventre, elle fait couler les matières recuites, dissipe les vents, relâche les parties tendues ; on l'emploie dans les décoctions de lavemens.

De la bourrache.

La bourrache se multiplie de sa graine, qui se sème depuis avril jusqu'en octobre ; elle lève promptement sans beaucoup de préparation ; elle croît même naturellement dans les places où il y en a eu auparavant, quoiqu'on tâche de la détruire. Ses graines durent trois à quatre ans.

Ses propriétés.

La bourrache adoucit les humeurs et les âcretés du sang, elle est pectorale, rafraîchissante, laxative, rend le sang fluide, dissout les humeurs grossières, excite l'expectoration, les urines et les sueurs ; ses fleurs sont employées dans les tisanes cordiales.

De la buglose.

La buglose se multiplie de ses rejetons ou de graines qu'on sème dans le
mois de mars, sur quelques planches
ou en bordures, sans beaucoup de préparation, pourvu que la terre soit bien
apprêtée. Cette plante est si souvent
employée pour les besoins de la santé,
qu'on ne doit jamais en manquer. Ses
graines durent trois ans environ.

Ses propriétés.

Elle humecte les parties altérées,
fortifie l'estomac, adoucit les âcretés du
sang et le purifie, elle excite à la joie;
on l'emploie dans les bouillons rafraîchissans, les décoctions de lavemens
et dans les tisanes.

De la capucine.

La graine se sème vers la fin d'avril,
sur des planches ou en rayons le long
des murailles, par touffes comme les
pois, dans une terre bien fumée et
labourée : lorsqu'elles parviennent à la
hauteur de cinq à six pouces, il faut
les palisser ou leur donner des rames
pour les soutenir. Les boutons des fleurs
paroissant, on les cueille, pour les
laisser

laisser un peu flétrir à l'ombre, on les
confit ensuite dans le vinaigre ; la
graine qui dure quatre ans se confit de
même que les fleurs, mais il faut les
prendre jeunes et tendres.

Ses propriétés.

La capucine est apéritive, détersive,
anti-scorbutique, elle excite les urines;
ses fleurs se confisent dans le vinaigre,
et s'emploient comme les câpres.

Du cardon d'Espagne.

Les cardons d'Espagne se multiplient de graines qu'on doit semer sur
couche dans le mois d'avril. On les
plante ensuite, lorsque le plant est
assez fort, dans une terre bien amendée et bien labourée, à trois pieds les
uns des autres. On ne doit point négliger de leur donner, pendant l'été, de
petits labours, suivis de plusieurs arrosemens, si le temps le demande. On
les laisse croître jusqu'au mois d'octobre, temps de les faire blanchir; s'ils
sont au point de leur grosseur, on
choisit un beau jour, lorsque la plante
est sèche, pour les lier avec de la paille,
et tout de suite on les empaille avec de
grandes litières, qu'on lie de même,

en laissant l'extrémité des feuilles découvertes; ensuite on les butte d'un
pied de terre pour les mieux blanchir
et empêcher les grands vents de les
rompre; on peut les laisser ainsi l'espace de quinze jours ou trois semaines,
ce qui suffit pour acquérir une parfaite
blancheur. Sa graine se conserve de
huit à dix ans.

Ses propriétés.

Le cardon d'Espagne est pectoral,
apéritif, incisif et résolutif, propre
dans la pleurésie et l'hydropisie. Ses
feuilles et ses côtes étant blanchies,
sont tendres et en usage pour entremets
en gras ou en maigre; sa fleur fait
cailler le lait.

De la carotte.

La carotte est une plante des plus
communes; elle sert toute l'année, les
vieilles conduisent aux nouvelles; la
graine, bonne pour deux ans seulement, se sème en mars, ayant soin de
la bien frotter, et d'y mêler un peu de
cendre, afin qu'elle ne tombe pas trop
drue lorsqu'on la sème. La terre doit
être fumée et profondément labourée;
si elles lèvent trop épais, on les éclair-

cit, on les place à six ou huit pouces
les unes des autres ; les fréquens labours
les font grossir et détruisent les mauvaises herbes ; il faut les déplanter en
octobre, en couper le vert et les mettre
ensuite à l'abri, afin d'en avoir l'hiver.

Ses propriétés.

La graine et la racine de carotte sont
apéritives, propres à exciter les mois et
ouvrir les conduits de l'urine : ses feuilles
sont vulnéraires et sudorifiques.

Du céleri.

Le céleri est une plante annuelle et
très en usage : on en sème la graine sur
couche dans le mois de mars et au commencement de mai, afin d'en avoir qui
se succède. Cette graine étant très-fine,
il faut la semer très-clair ; si, malgré
cette attention, elle lève trop épais, il
faut nécessairement l'éclaircir. Quand
le plant est assez fort, on le repique en
pépinière à la distance de cinq ou six
pouces : lorsque le céleri est assez fortifié, on le déplante avec sa motte de
terre autour des racines pour le mettre
dans des rigoles aussi longues que le
terrain le permet, d'un pied de profondeur et d'un pied et demi de largeur,

pour y placer deux rangées à la distance de six à huit pouces d'une plante à l'autre : la terre doit être bien fumée dans les rigoles.

Le céleri se plante aussi en pleine terre sur des planches à trois rangées chacune, observant de laisser trois pieds de terrain vide entre chaque planche, pour plus grande facilité de le butter le plus haut qu'il est possible.

Lorsque le céleri est planté, soit en rigoles, soit en planches, il faut l'arroser souvent, sur-tout dans les grandes chaleurs, et arracher les mauvaises herbes qui croissent autour ; ce petit soin dure jusqu'au temps qu'on le veut faire blanchir ; alors on rabat et on relève la terre à côté des rigoles : quant à celui en pleine terre, on se sert de celle qui est entre les planches. Un mois ou six semaines suffisent pour lui procurer une parfaite blancheur.

Comme cette plante est des plus susceptibles de gelée, on doit la mettre à l'abri par le secours des longs fumiers répandus dessus, ou la déplanter et la transporter en lieux tempérés.

Ses propriétés.

Le céleri est chaud, il fortifie l'es-

tomac; il est apéritif, pectoral, carmi-
natif, hystérique; il aide à la digestion,
excite les urines et les mois aux femmes;
il provoque les crachats : sa racine est
une des quatre semences chaudes.

Du cerfeuil.

Le cerfeuil est une plante annuelle :
sa graine, qui se conserve bonne deux
ou trois ans, se sème depuis février jusqu'en septembre à la volée et fort épais,
en plates-bandes, sur planches ou en
rayons. Il produit beaucoup en ne négligeant point de l'arroser au besoin.

Ses propriétés.

Le cerfeuil est rafraîchissant, il purifie le sang, dissout celui caillé; il est
apéritif, propre aux rétentions et inflammations, emporte les obstructions,
atténue la pierre des reins, et on l'applique en cataplasme sur les érésypèles.
On lui donne aussi la propriété de guérir
la goutte, en prenant deux poignées de
cerfeuil, que l'on fera bouillir dans un
pot d'eau pendant une demi-heure, on
trempera de fortes compresses dans le
jus, et l'on enveloppera la partie en-
flammée et enflée; ce qu'il faut réitérer toutes les deux heures. L'auteur a

éprouvé l'efficacité de ce remède, dont
il a été guéri radicalement.

Du champignon.

C'est une espèce de fruit qui a son
mérite particulier. La manière de s'en
procurer est de faire une provision de
fumier de cheval, de mulet et d'âne,
neuf, court, rempli de crottins, le mettre
à l'abri des pluies l'espace d'un mois,
et lorsqu'il est un peu moisi, former de
ce fumier une couche à la hauteur de
deux pieds et demi, large de trois,
prenant soin de la bien piétiner en la
dressant en forme de dos d'âne : six ou
huit jours après, on distribue sur cette
couche, de pied en pied, une forte pin-
cée de sel ammoniac et du son de fro-
ment, qu'on couvre aussitôt d'un pouce
de crottin de fumier ; on laisse la couche
en cet état l'espace de quinze jours,
après quoi on emploie du vieux terreau
ou une bonne terre pour couvrir ou
gobeter la superficie de la couche à
l'épaisseur de deux pouces seulement.
Huit jours après, on la charge de trois
pouces de grandes litières pour couverture ; cela fini, on laisse la couche tran-
quille jusqu'au moment que les champignons se montrent ; ce qui demande

deux ou trois mois d'attente ; alors on fait la visite tous les deux ou trois jours pour cueillir ceux de grosseur convenable. Toutes les fois qu'on cueille des champignons, il faut avoir attention de remettre la litière au même état, donner une petite bassinure d'eau sur la litière, si elle se trouve sèche faute de pluie, ou si le temps n'y est pas disposé, parce qu'il faut nécessairement que le dessus de la couche, qui s'appelle, en terme de jardinage, *gobeture*, soit toujours humide ; ces sortes de couches produisent pour l'ordinaire deux ou trois mois.

Quand la couche a donné des champignons l'espace de trois semaines ou un mois seulement, il faut en tirer du blanc sans attendre qu'il soit épuisé ; le blanc se trouve sous les places où sont venus les champignons ; on l'enferme en lieu sec, et il peut se conserver un an ou dix-huit mois. Le blanc, ou ce qu'on appelle ainsi, est une partie du fumier qui se trouve sous la racine du champignon, qui fait une espèce de croûte épaisse de deux ou trois pouces, remplie d'une espèce de duvet blanc velouté, renfermant avec lui une qualité fructifiante et la semence du champignon.

Une fois fourni de ce blanc par le moyen d'une première couche, on en fait usage sur d'autres nouvelles, appelées pour lors *meules de champignons*.

Manière de bâtir une meule de champignons.

Après avoir destiné une place pour recevoir une meule de champignons, on y apporte du fumier de cheval, neuf, court et rempli de crottins, qu'on a pris soin de laisser un peu moisir l'espace de quinze jours à couvert; c'est-à-dire, à l'abri des fortes pluies : on en dresse la meule aussi longue qu'on le juge nécessaire, sur trois pieds de largeur et autant de hauteur, et on l'arrose copieusement; cela fait, on la laisse quatre à cinq jours, après lesquels on se met en devoir de la détruire, de la bien remuer, et de rafiner à fond ce fumier : on remonte ensuite la meule en forme de dos d'âne, prenant les mesures nécessaires pour la réduire à trois pieds de largeur sur deux et demi de hauteur : on laisse cette nouvelle meule en cet état pendant huit jours; parce qu'il faut avoir égard au trop ou trop peu de chaleur du fumier : cette chaleur doit être tempérée pour y déposer le blanc, de crainte qu'il ne brûle; après ce temps, on prend le blanc, qu'il faut rompre par morceaux gros comme la moitié du poing, et de pied en pied on l'enfonce dans la meule environ deux pouces, en rabattant le fumier dessus. Cela fait, on laisse le tout reposer l'espace de dix à douze jours jusqu'à ce que le blanc soit pris et attaché au fumier; alors il faut gobeter la meule; c'est-à-dire, la couvrir entièrement de deux pouces de terre argileuse ou de terreau, et huit à douze jours après, la recouvrir encore de deux ou trois pouces de grande litière.

Si cette grande litière venoit à sécher faute de pluie, il faut l'arroser médiocrement dessus, parce que la terre dessous cette litière, qui est la gobeture, doit être toujours humide; on laisse en repos la meule pendant trente à quarante jours, on la découvre ensuite pour voir si les champignons paroissent, et si le dessus des places, lardées de blanc, sont de couleur blanc violet, c'est un signe évident que les champignons se montreront peu après. Huit jours après, on la visite, et alors on commence à cueillir, ce qui se continue pendant trois ou quatre mois.

Il faut être exact à tirer du blanc

lorsque la meule commence à donner;
il en est meilleur, a plus de force, de
vigueur et de vivacité. Il prend et s'attache aussitôt sur les meules où il est
mis en usage.

S'il y a des couches ou des meules de
champignons exposées aux injures des
fortes pluies, ou pendant l'hiver, il faut
être exact à recharger la couverture de
quelques pouces de grande litière, et
de paillassons par-dessus, de crainte
que les pluies abondantes ou la gelée
pénètrent.

Ceux qui veulent avoir l'agrément
des champignons dans l'hiver, doivent,
à cet effet, bâtir quelques meules dans
un souterrain, ou dans des caves profondes ou des serres chaudes : on y réussit également, et mieux en cette saison
qu'au grand air : le fruit en est plus beau
et plus blanc.

Au mois d'octobre, il faut du fumier
neuf, court, rempli de crottins, et re-
posé de huit à quinze jours en lieu sec,
on le transporte dans l'endroit destiné,
où monte la meule à deux pieds de
hauteur sur trois ou quatre de large; il
n'est pas nécessaire qu'elle soit formée en
dos d'âne, mais plus aplatie; la meule
étant achevée, on l'arrose; ensuite on

la laisse reposer huit à quinze jours ;
après quoi on dépose le blanc, comme
il a été dit, de pied en pied, sur cette
meule ; huit jours après, il faut gobeter
la meule avec deux pouces de terre argileuse ou terreau , puis on la laisse
ainsi sans la couvrir de grande litière :
on a seulement soin de bien boucher
les soupiraux pour empêcher la froidure
d'y pénétrer, parce que plus il fait chaud,
et mieux cela vaut. On y fera d'abondantes récoltes, si on ne néglige point
d'arroser la gobeture, quand on la trouvera à peu près sèche.

Ses propriétés.

Le champignon est nourrissant, for-
tifiant, restaurant ; il excite l'appétit,
donne de la vigueur.

Du chervis.

Cette plante vivace se multiplie de
graines et de ses rejetons qu'on sépare
des grosses touffes en plusieurs petites.
On les plante en avril dans une terre
bien préparée, à la distance de sept à
huit pouces les uns des autres. Il faut
les arroser au besoin et les bien sarcler.
Cette graine dure trois à quatre ans.

Ses propriétés.

La racine de chervis, étant cuite, est sucrée, douce et tendre, propre aux tempéramens froids, elle provoque la semence.

De la chicorée, ou *endive.*

L'endive est une plante annuelle, qui se multiplie de sa graine, qu'on doit semer vers la mi-mai; en la semant plutôt, elle seroit sujette à monter en graines : on doit la semer clairement, et si elle lève trop épais, il faut l'éclaircir, pour lui procurer une belle croissance.

L'endive se plante en plates-bandes, ou sur des planches bien fumées et bien préparées, à la distance d'un grand pied les unes des autres ; elle se sème en plusieurs temps. On commence dans le mois de mai, et successivement en juin, juillet et les premiers jours d'août, afin d'en avoir pendant l'été, l'automne et l'hiver, et toujours dans une terre bien préparée, qu'il faut arroser au besoin, et surtout arracher les mauvaises herbes qui l'entourent souvent et l'empêchent de profiter.

Il y a environ quinze espèces de chicorée

corée dont la plupart dégénérées. Voici les meilleures :

La chicorée de Meaux.
La chicorée toujours blanche.
La chicorée fine d'Italie.
La chicorée scarole.

Ces quatre espèces ne diffèrent que par leurs feuilles plus ou moins découpées.

Pour faire blanchir l'endive, on choisit un temps sec, à la rosée, le matin, parce que le trop d'humidité la fait pourrir, et la grande sécheresse l'empêche de blanchir : on lie l'endive à trois ou quatre endroits, à proportion de sa grosseur et de sa hauteur : huit jours après, elle est blanche autant qu'il le faut : on doit toujours commencer à lier les plus fortes et laisser croître les plus foibles, jusqu'à ce qu'on les juge propres à faire blanchir.

Lorsque les froids veulent saisir les dernières endives plantées, avant d'être blanches, il faut les porter dans la serre, ou les mettre à la cave, elles blanchiront plus promptement. La graine se conserve très-long-temps bonne : elle dure environ dix ans.

Ses propriétés.

La chicorée est humectante, apéri-

tive, détersive, rafraîchissante et très
en usage : on la mange crue en salade
ou cuite.

De la chicorée sauvage.

On sème la graine de la chicorée sauvage en mai dans une terre bien préparée. Il faut l'éclaircir lorsqu'elle lève
trop drue, et placer les plantes à six
pouces les unes des autres, pour les
rendre plus fortes. La chicorée sauvage
se déplante vers la mi-novembre, pour
la replanter dans des caves, parce qu'où
il y a plus de profondeur, plus il y a de
chaleur dans l'hiver, et plus la chicorée
produit.

Ses propriétés.

La chicorée sauvage est apéritive,
purgative, détersive ; elle purifie le
sang, leve les obstructions ; on emploie
ses feuilles et ses racines dans les tisanes
rafraîchissantes.

Du chou.

De toutes les plantes potagères, le
chou est le plus facile à cultiver, à l'exception du chou-fleur, qui demande un
peu plus de soin.

Il y a plus de trente espèces différentes de chou, mais la plupart de ceux

dégénérés proviennent des bons et des véritables : les climats, ainsi que la plupart des terrains, occasionnent ce changement : voici les plus connus, et qui méritent d'être cultivés.

Chou pomme d'Yorck.

Chou de Bonneil.

Chou de Saint-Denis, ou d'Auber-villiers.

Le chou blanc.

Le chou frisé hâtif.

Le chou de Savoie frisé.

Le chou pommé ordinaire.

Le chou frisé, ou chou pancalier.

Le chou de Milan.

Le chou à grosses côtes, *dit* chou blond.

Le chou rave.

Le chou rouge.

Et le chou-fleur.

Une dixaine d'espèces suffisent à planter dans un vaste jardin.

Du chou-fleur.

On en sème la graine sur couche vers la mi-mai ; quand elle est bien levée, on l'arrose, et lorsqu'on la juge en état d'être plantée, il faut lui préparer une terre amendée et labourée en différens temps : on en plante des carrés entiers

à la distance de trois pieds les uns des
autres : quand ils sont plantés, ce qui
se fait vers la fin de juin, il faut leur
donner de fréquens arrosemens et de fréquens labours pour les aider à prendre
une belle croissance.

La graine de chou-fleur se sème aussi
en pleine terre, au défaut de couche,
au commencement de mai ; mais comme
il est à craindre que le puceron ne s'y
jette pour la détruire, il faut prévenir
ce mal par le secours des cendres que
l'on sème dessus, lorsque le plant commence à lever et à sortir de terre : on
doit semer ces cendres le matin, quand
le terrain est mouillé de la rosée.

Lorsque le chou-fleur commence à
faire sa pomme, il convient de l'enve-
lopper de ses feuilles, et les lier avec
un peu de paille, pour lui faire acquérir plus promptement la perfection de
blancheur. La graine de chou dure à
peu près dix ans.

Les choux se multiplient de graines
provenant des meilleures espèces et de
ceux les mieux pommés, qu'on replante
au mois de mars en pleine terre ; pour
les aider à pousser leurs tiges, on les
coupe en forme de croix. La graine de
toutes espèces de chou à pommer se

sème sur couche au commencement de
mars, et au défaut des couches, en
pleine terre bien fumée et préparée à
une bonne exposition ; s'ils lèvent trop
épais, il faut les éclaircir et sur-tout
les arroser au besoin ; on en plante des
carrés entiers ; on doit avoir soin de
bien fumer et labourer plusieurs fois
la terre, parce que plus elle est remuée,
meilleure elle est.

On plante les choux vers le commencement de juin, à trois pieds les
uns des autres, en tout sens ; on ne doit
pas négliger de les arroser, et de leur
donner certains petits labours de temps
à autres ; ce qui fait périr les mauvaises
herbes et croître les choux.

On sème encore la graine de chou
vers la mi-août, pour les repiquer en
pépinière à quelques bons abris en octobre ; et les transplanter au mois de
mars suivant dans une terre bien fumée et bien préparée ; ils pomment
dans le mois de juillet, et ils peuvent
se conserver jusque dans l'hiver.

Sur la fin de novembre, on déplante
les choux pour les replanter en pépinière un peu courbés, le long de quelques murailles, à l'abri des fortes gelées, on les couvre de grande et lon-

gue litière. Ils peuvent se conserver jusque dans le mois de mars, alors on donne un labour pour y semer des ognons.

Ses propriétés.

Les choux sont astringens et laxatifs par leurs parties subtiles, ils sont vulnéraires, ils détergent et consolident les plaies; leurs graines tuent les vers.

Le chou rouge est stomacal, il soulage les maux de poitrine, ranime les forces abattues, arrête le tremblement des membres, est favorable à la vue, bon pour les ulcères, cancers et dartres; il fait mourir les vers. On s'en sert avec succès dans les maladies des poumons et de la poitrine; il recouvre la voix éteinte et appaise la toux.

De la ciboule.

On sème la graine de ciboule en mars, pour la rendre profitable, elle se replante en juin. On dresse une ou plusieurs planches, on trace de petits rayons à six ou huit pouces de distance, on en joint trois ou quatre ensemble, on les plante ensuite à demi-pied les unes des autres, enfoncées en terre de

deux pouces , ces petites touffes grossissent et fournissent abondamment jusqu'au printemps , qui est la saison de
faire leurs graines. Elle peut suppléer
au défaut des ognons.

De la citrouille.

Pour cultiver des citrouilles, il faut
avoir un grand terrain , parce que leurs
branches s'étendent bien loin. On commence par faire des fosses en terre de
cinq à six pouces de profondeur, larges
de deux pieds en carré qu'on remplit
de terreau ; on y dépose quatre à cinq
grains de semences, qu'il faut couvrir
aussitôt qu'ils sont plantés , ils produi-
ront bien en les arrosant au besoin ; c'est
ordinairement vers la mi-mai que ce
travail doit se faire. Cette graine se
conserve quatre ans.

Sous le nom de citrouille sont com-
pris le potiron , le potiron vert, le
giraumon noir , le giraumon blanc, le
moucheté , dit citrouille de Barbarie ;
le pastisson , bonnet d'électeur ou artichaut de Jérusalem ; le pastèque ou
melon d'eau , la courge. C'est de ces
dernières que viennent ce qu'on nomme
oranges , poires, coloquintes.

Ses propriétés.

La chair de la citrouille est humectante, elle conserve la poitrine, elle est pectorale, rafraîchissante, propre à tempérer la chaleur des entrailles; prise en décoction, sa racine tempère l'ardeur de l'urine et de la vessie; elle rafraîchit le sang et en adoucit les âcretés.

De la civette.

Cette plante se multiplie par le moyen des grosses touffes qu'on déplante et qu'on sépare en petites, qu'il faut replanter en bordures à quatre ou cinq pouces les unes des autres, dans une terre bien préparée.

Du cochléaria.

On en sème la graine au mois de juin aussitôt qu'elle est mûre : il viendra même dans toute espèce de terrains, à l'ombre du soleil.

Ses propriétés.

Le cochléaria est propre pour le scorbut, dans le grand mal de bouche et l'inflammation, en mâchant de ses feuilles; pour les maladies de la rate; il excite les urines, dissout les humeurs,

raffermit les gencives ; on en fait prendre le suc ou la décoction.

Du concombre.

La graine du concombre , qui peut
se conserver trois ans , se sème sur couche, et sous cloche dans les mois de
mars et avril ; on les replante vers la
mi-mai sur d'autres couches , ou en
pleine terre dans des fosses profondes
de quatre à cinq pouces , larges comme
la forme d'un chapeau , remplies de
terreau , éloignés de trois ou quatre
pieds d'une fosse à l'autre ; ils produi-
ront bien , en ne négligeant pas de les
arroser dans les grandes chaleurs.

Il y a le concombre jaune , le hâtif
blanc , le vert qui s'emploie aux cor-
nichons, et le concombre serpent qu'on
emploie aux mêmes usages.

Ses propriétés.

Le concombre est sain , rafraîchissant dans les maladies des reins ou de
la vessie , causées par l'échauffement ;
il humecte , adoucit , tempère les âcretés des humeurs , modère le trop de
mouvement du sang.

De la corne de cerf.

Cette plante qu'on emploie dans les

fournitures de salade, et dont la graine se conserve deux ou trois ans, se sème en mars dans une terre meuble.; on en coupe les feuilles qui repoussent à mesure. Il faut l'arroser dans les commencemens.

Du cresson.

Le cresson frisé est celui de la meilleure espèce ; la graine se sème sur planches , en plates-bandes ou en rayons, depuis la fin de février jusque dans le mois d'août, et toujours dans une terre bien préparée ; on en sème tous les mois , afin d'en avoir qui succèdent l'un à l'autre. En l'arrosant au besoin, il réussira bien. Cette graine est bonne pour quatre ans.

Du cresson alenois.

Il y a le petit frisé, et le grand à feuilles d'ortie ou d'oseille. Cette plante est sujette à monter en graine très-promptement; il faut la semer à l'ombre, dans l'été, et l'arroser souvent.

Ses propriétés.

Les feuilles du cresson , comme ses graines, sont chaudes , incisives , apéritives , anti-scorbutiques, elles purifient le sang, aident à la respiration, sont sternutatoires, et la graine tue les vers.

De l'échalotte.

On plante l'échalotte en mars et en octobre, en plates-bandes, ou sur quelques planches tirées au cordeau à la distance de quatre à cinq pouces seulement les unes des autres ; il faut les sarcler et les arroser pour les avoir belles, et avoir attention de les déchausser quelque temps avant leur maturité pour en éviter la pourriture ; une terre argileuse, jaunâtre et douce convient à l'échalotte.

Ses propriétés.

L'échalotte est apéritive, propre aux rétentions d'urine, à la pierre, et bonne contre le mauvais air.

De l'épinard.

L'épinard est une plante annuelle, on en sème la graine depuis février jusqu'en mai ; si on la sème dans un temps plus avancé, c'est-à-dire dans les chaleurs de l'été, elle monte d'abord en graines, à moins de lui donner de l'eau à force.

Si on en veut pour l'automne, et au sortir de l'hiver, on en sème la graine depuis la mi-août jusqu'en septembre, en plein champ ou sur des planches bien labourées ; on trace des petits rayons au cordeau à la distance d'un pied les uns des autres, profonds de deux pouces seulement ; on sème dans ces rayons la graine à claire-voie, la couvrant aussitôt de terre, et tenant les pieds sur les côtés. Il est nécessaire de les arroser dans le besoin, et d'en arracher les mauvaises herbes. Cette graine est bonne deux ou trois ans.

Ses propriétés.

L'épinard amollit le ventre, rafraîchit les chaleurs des entrailles, purifie et adoucit les âcretés du sang.

De l'estragon.

L'estragon périt de vieillesse si on ne le transplante tous les trois ou quatre ans. Cette plante vivace se multiplie de ses rejetons en racines, qu'il faut planter en mai sur des planches ou plates-bandes à quatre ou cinq pouces d'une plante à l'autre ; il faut essentiellement le sarcler et l'arroser au besoin. Ses tiges se coupent vers la fin d'octobre,

ayant

ayant attention de ne point les éclater ni les déraciner, parce qu'elles tiennent très-peu à la terre. L'estragon se conserve par le secours de longs fumiers à répandre dessus, et qu'on retire au sortir de l'hiver ; quoique cette plante paroisse assez forte pour résister aux injures des froidures, elle est susceptible et tendre à la gelée. On le sème aussi, et sa graine dure deux ou trois ans.

Ses propriétés.

L'estragon est stomacal, il est apéritif, incisif et sudorifique ; il provoque l'urine et les mois ; il chasse les vents, excite les crachats et l'appétit, il fortifie le cœur, il est propre dans le scorbut, et résiste au venin.

Du fenouil.

Cette plante vivace résiste plusieurs années aux injures de l'hiver. La graine est bonne pendant trois ans, et se sème en avril ; sa culture n'a rien de particulier, il vient dans toute espèce de terrain.

Ses propriétés.

Le fenouil est stomacal, pectoral, diurétique, sudorifique, et fortifie l'es-

tomac. Sa racine est apéritive, purifie
le sang, sa graine est carminative,
chasse les vents, aide à la digestion,
appaise la colique ; mâché, il donne
bonne odeur à la bouche.

De la fève.

Les fèves se plantent depuis le mois
de novembre, à bonne exposition, si
le temps le permet, jusqu'en février,
et ensuite tous les mois pour en avoir
successivement les unes après les autres. Il faut une terre amendée et bien
labourée ; on fait un trou avec le plantoir ; on laisse couler de sa main une
seule fève dans chaque trou, éloignés
de six à huit pouces les uns des autres ;
on les couvre ensuite par le moyen du
rateau ; on les laisse ainsi jusqu'au
temps de les sarcler, afin d'en arracher
les mauvaises herbes.

Pour les premières fèves on sème la
petite *dite* julienne, et ensuite la grosse
toujours verte, ou celle à coque très-
longue, ou fève d'Angleterre.

Ses propriétés.

La fève en décoction est détersive et
astringente ; sa racine est résolutive,
elle s'emploie en cataplasme pour amol-

lir, résoudre et exciter la suppuration. Ses fleurs prises en décoction rafraîchissent les entrailles, ouvrent le conduit de l'urine.

Du fraisier.

Les mois propres à planter les fraisiers sont mars, avril et septembre, et toujours après une pluie, ou lorsque le temps y est disposé ; ils se plantent par touffes de trois ou quatre, éloignées de huit à dix pouces les unes des autres ; en les arrosant souvent dans le printemps, le fruit en devient plus beau et mûrit plutôt : il faut couper les traînasses pour faire profiter le pied. Il y a beaucoup d'espèces de fraisiers dont les meilleurs sont : le fraisier commun des bois, le fraisier des Alpes ou de tous les mois, le fraisier à rames dont il faut soutenir les tiges pour l'empêcher en rampant de gâter son fruit, et le fraisier capron. Au temps de ses fleurs, on en connoît les fausses que nous appelons coucous ; elles ont le fond noir. On doit les extirper comme des plantes stériles et de nul rapport.

Ses propriétés.

La fraise est pectorale, humectante,

elle fortifie le cerveau, purifie le sang, excite les urines par la transpiration; on emploie ses racines dans les tisanes rafraîchissantes.

Du haricot.

Les premiers haricots se sèment vers la fin d'avril, si le temps le permet, c'est-à-dire, s'il est beau et sec, sinon il faut attendre jusqu'en mai, parce que la trop grande humidité de la terre, jointe aux pluies fréquentes, les fait pourrir.

On commence par fumer légèrement, et labourer la terre en mars; on la laisse reposer jusqu'au temps de semer les haricots, qui est le mois de mai, alors on donne un second petit labour à la terre, ensuite on se sert du rateau pour rendre le terrain uni.

Les haricots, *dits* à rames, se sèment par touffes de six ou huit grains, à la distance de deux pieds les unes des autres. Il faut des rames ou de petites perches aux haricots montans. Le temps de leur en donner est quand ils commencent à faire leurs tiges.

Les haricots nains se sèment dans de petits rayons tirés au cordeau, profonds de deux pouces seulement, on les laisse un peu sécher, ensuite on dépose la semence du haricot dans le fond de chaque rayon, à trois pouces les uns des autres, puis on les couvre de terre, en traînant les deux pieds sur les côtés des rayons.

On peut semer des haricots depuis la fin d'avril jusqu'à la fin de mai seulement, pour les avoir à maturité, et depuis le commencement de juin jusqu'à la mi-juillet, pour les avoir verts à la fin de l'été et dans l'automne. Il faut, autant que faire se peut, ne jamais planter dans les petits jardins des haricots qui rament, mais des nains.

Ses propriétés.

Les haricots sont apéritifs, résolutifs, amollissans ; leur farine, comme celle de la fève, est en usage pour amollir, dissiper et disposer les tumeurs à suppurer.

De l'hysope.

L'hysope se sème en mars, et peut se planter sur quelques planches ou plates-bandes dans le mois de juin, à un pied de distance d'une plante à l'autre ; elle produira bien en ne négligeant point de la sarcler et de l'arroser au

besoin. On coupe les tiges de l'hysope
lorsqu'elles sont prêtes à fleurir, pour
les mettre en lieu sec. La graine de
l'hysope se conserve deux ans.

Ses propriétés.

L'hysope est aromatique, apéritive,
digestive, incisive, fortifiante et vulnéraire, propre aux asthmatiques; prise
en guise de thé, elle est favorable aux
maux de poitrine et à la toux, elle excite les mois aux personnes du sexe,
provoque l'urine, fortifie le cerveau
et rend le sang fluide.

De la laitue.

Tous les mois de l'année on peut semer de la laitue, même dans l'hiver. Il
faut des couches nouvelles si on veut
avoir la laitue dans la primeur, et la
garantir du froid en se servant de cloches, châssis et paillassons, qui en pro-
duiront la jouissance.

La laitue étant semée sur couche, on
regarde de temps en temps si le plant
n'a pas trop de chaleur; ce qui s'observe
en soulevant les cloches ou châssis; si
l'on voit une vapeur chaude en sortir,
il faut donner de l'air si le temps est

doux, ou si le soleil se montre, et avoir attention de les recouvrir quand il disparoît.

Si ce sont des laitues pour pommer, dès qu'elles ont cinq ou six feuilles, on les repique sur d'autres couches nouvelles sous cloches. Il faut toujours en mettre six sous chacune des cloches, pour les réduire par la suite à trois : quand elles commencent à se trouver trop pressées, on en transplante sur d'autres couches, chargées de sept à huit pouces de terreau. On continue les mêmes soins, et le besoin de chaleur, par le secours des réchauds, et l'attention de leur faire prendre l'air en soulevant les cloches, parce que sans air, la laitue croît fluette, et ne sauroit faire sa pomme ordinaire ; on se sert de petites fourchettes, on les soulève d'abord d'un doigt, et à mesure que les cloches s'emplissent, on les monte plus haut, en continuant le même soin jusqu'au point de leur pomme parfaite.

Dans le grand nombre de laitues on doit préférer,

La laitue gobelet, verte, hâtive de Hollande.

La laitue petite crêpe.

La laitue double crêpe.

La laitue impériale.
La laitue cocasse.
La laitue de Versailles.
La laitue batavia.
La laitue coquille.
La laitue flagellée ou sanguine.
La laitue de passion.
La laitue de Gênes verte.
La laitue gotte.
La laitue rouge bord.
La laitue verte.
La laitue grosse allemande.
La laitue pommée de Berlin.
La laitue-romaine ou chicon, verte, panachée, blonde, grise, hâtive, ou chicons.

Dans les espèces différentes de laitues à pommer, les cinq dernières dénommées romaines et chicons, ne sont pas moins à cultiver et à préférer aux précédentes, en ce qu'elles n'ont pas de pointe d'amertume ; elles se mangent crues, mais elles n'ont pour elles que la belle saison, qui est depuis le mois de mai jusque vers la fin de juillet.

Il y a de deux espèces de laitue romaine : la première est à préférer, ayant l'avantage de faire sa pomme par elle-même ; et la seconde ne la fait point seule, on est obligé de lier celle-

ci avec de la paille pour la faire blanchir ; les feuilles de la première sont
d'un vert gai, celles de la seconde sont
d'un vert foncé, longues, arrondies par
le haut et étroites pas le bas : leur
graine est blanche.

Pour avoir, en pleine terre, les laitues à pommer au point de leur grosseur, dès le commencement de mars,
on doit semer les laitues à pommer et
autres, si le temps le permet, dans une
terre bien fumée et bien labourée ; si
elles lèvent trop épais, il faut nécessairement les éclaircir, et se servir toujours des plus fortes pour planter.

On prépare d'abord une ou plusieurs planches ou plates-bandes sur
lesquelles on tire des alignemens au
cordeau à la distance d'un pied les uns
des autres, ensuite on se sert d'un
plantoir, qui est un bâton court et
pointu, pour les conduire simplement
en ligne directe.

Il est bon de savoir que la laitue ne
veut point être enterrée, il suffit seulement qu'elle ait le cœur à fleur de la
superficie de la terre, qu'il ne faut
que médiocrement presser contre sa racine, l'arroser ensuite, et continuer si
le temps le demande.

A l'égard de la grosse allemande, la pomme de Berlin et le batavia, il y a une distinction à observer dans la manière de les planter, il faut les mettre à la distance de vingt pouces les unes des autres; quand elles sont bien reprises, on leur donne un petit labour de temps en temps avec une petite houe, ce qui fait périr les mauvaises herbes, et croître la laitue à vue d'œil.

Du vingt au vingt-quatre août on doit semer en pleine terre bien préparée, la laitue destinée à passer l'hiver. Il faut lui donner de l'eau au besoin. La laitue qui résiste le mieux est le gobelet, étant de nature forte et moins susceptible de gelée que les autres.

Celle pour passer l'hiver se plante vers la mi-octobre, à de bonnes expositions et à de bons abris, au levant et au midi, le long des murailles, ou sur des planches garnies de brise-vents; la terre doit être bien labourée et fumée; on doit même, pour réussir, se servir de longs fumiers qui sont, pour ainsi dire, un préservatif contre les vers de terre; d'ailleurs ces longs fumiers empêchent les eaux de séjourner, elles s'imbibent à mesure qu'elles tombent, le plant n'est pas noyé, il se soutient toujours vert, et rien n'est à craindre pour la jaunisse ou pour la pourriture.

Une autre manière de cultiver la laitue d'hiver quand il n'est point trop rude, est d'en semer la graine au commencement de septembre dans une terre amendée avec du long fumier; si elle lève trop épais, il faut l'éclaircir, bannir les mauvaises herbes, et les laisser ainsi jusqu'au temps de les replanter, à la mi-février si le temps le permet; alors on dresse des planches ou plates-bandes à de bonnes expositions, prenant soin de bien fumer et labourer, on tire ensuite des alignemens au cordeau, à la distance de dix ou douze pouces les uns des autres, ainsi des plantes.

Il est certain que ces laitues ne seront pas aussitôt pommées que celles plantées dans le mois d'octobre; mais elles n'en viendront pas moins fortes, plus tendres et mieux pommées.

Il faut observer ici, comme par-tout ailleurs, de toujours marquer pour graines les plus belles et celles qui ont le mieux pommé, de piquer un bâton à leur pied pour y attacher la tige, pour l'empêcher d'être arrachée ou rompue par les grands vents.

Il ne faut point encore négliger d'éplucher, abattre, et retirer toutes les feuilles inutiles, parce que venant en pourriture, elles la communiqueroient à la tige, pour peu que la saison soit pluvieuse; on connoît le temps de la maturité de la graine lorsqu'une partie des boutons est couronnée d'aigrettes et que la plante se fane, alors il faut arracher le pied ou le couper et l'exposer quelques jours au soleil, on la bat ensuite et on la vanne, on l'enferme enfin dans un petit sac, qu'on accroche à la muraille, et toujours garni d'un étiquette, afin d'en connoître l'espèce, et éviter de se tromper.

Ses propriétés.

La laitue est saine, rafraîchissante, apéritive, humectante, elle adoucit les âcretés du sang, entretient la liberté du ventre, procure le sommeil; elle se mange crue, en salade, cuite en gras et en maigre.

De la lavande.

La lavande est une plante vivace, qui se multiplie des vieux pieds à partager en plusieurs parties pour former bordure

bordure. Elle se plante comme le buis, en avril ou en septembre, et reprend aisément en toute terre ; elle résiste aux injures du temps pendant trois ou quatre années, après quoi il faut la replanter de nouveau. Lorsque ses épis sont en fleur, on les coupe, on les fait sécher pour l'usage auquel on les destine.

Ses propriétés.

La lavande fortifie le cerveau et les nerfs, ses feuilles et sa fleur sont employées dans la distillation, à faire une eau qui porte son nom ; ses épis avec sa fleur, séchés et pris en infusion en guise de thé, sont excellens pour les vertiges, les tremblemens, les mouvemens convulsifs, la paralysie et l'asthme.

De la mâche, ou doucette.

On sème la graine de mâche en août et septembre, pour pouvoir en cueillir en automne, en hiver et au printemps ; alors on la laisse et on préfère la laitue. La graine qui est bonne pendant sept à huit ans, se sème indifféremment en pleine terre, pourvu que l'on ait soin de l'arroser et de la sarcler.

Ses propriétés.

La mâche est détersive, ouvre les pores, purifie le sang et les âcretés des humeurs.

De la marjolaine.

La marjolaine est une plante aromati-que, dont la graine se sème sur couche en avril, et dont le plant se met en bordure vers la fin de juin; elle se multiplie encore mieux des grosses plantes, qu'on partage en plusieurs petites, et qu'on replante tous les trois ou quatre ans en bordure, ainsi que le buis. Cette plante est des plus agréables dans un jardin, par la bonne odeur qu'elle y répand. On la coupe à quelques pouces de terre, pour la faire sécher et la conserver au besoin.

Ses propriétés.

L'eau distillée de la marjolaine est d'un grand secours dans l'indigestion; elle est souveraine pour les maladies du cerveau, de la poitrine et de l'estomac; elle est hystérique, sternutatoire, céphalique, nervale et pectorale.

De la mélisse.

La mélisse est une plante vivace; on

là multiplie des grosses plantes, en les séparant en plusieurs petites, qu'on transplante en bordures en avril et septembre. On s'en sert avec d'autres herbes dans les fournitures de la salade.

Ses propriétés.

Les feuilles de la mélisse, prises en guise de thé, sont stomachiques, hystériques, céphaliques, bonnes pour les maladies du cerveau, palpitations de cœur, paralysie, défaillance, vertige, mal-caduc; on en compose une eau admirable pour la colique, l'apoplexie, la léthargie et les vapeurs.

Du melon.

Dans le nombre d'espèces différentes de melons, on distingue,

Le melon maraîcher, brodé; chair rouge et vineuse.

Le melon sucrin de Tours, gros, rond, brodé; chair rouge, ferme, très-sucrée.

Le melon des carmes, le moyen, le petit, peu brodés; chair pâle et sucrée.

Le melon cantaloup, ou melon romain, dont il y a plusieurs variétés.

Le melon longeais, moyen, allongé, à côtes; chair rouge, vineuse et sucrée.

Le melon de Coulommiers, le plus gros de tous les melons.

Le melon à chair verte.

Le petit melon hâtif.

Les melons d'Espagne, d'Italie, de Naples, de Malte, etc.

Le melon d'eau ou pastèque.

Pour réussir dans la culture du melon, il faut des couches faites avec du fumier nouvellement pris sous les chevaux; ces couches doivent avoir trois ou quatre pieds de largeur et deux de profondeur, hautes de quatre, moitié en terre, moitié en dehors, on ne risque rien de les élever, parce qu'elles baissent toujours assez; la longueur est arbitraire. On met sur ces couches environ quatre pouces de terreau bien pourri, léger et meuble; dans ce terreau on dépose la semence du melon pour élever du plant; si on veut en recueillir de bonne heure, il faut semer la première graine au commencement de février, et la seconde un mois après.

Il faut avoir grande attention à la chaleur du fumier, sur-tout lorsque les couches sont nouvelles, et lui donner le temps de se modérer, ce qui se connoît quand la couche est affaissée, et qu'en enfonçant la main dans le fond du terreau, on en peut aisément souffrir la chaleur.

Quand la couche est propre à recevoir la graine, on en met deux grains dans chaque petit trou fait avec le doigt, à un pouce de profondeur sur deux de distance les uns des autres, on les recouvre légèrement, on pose ensuite les cloches ou châssis. Il faut encore de grande litière ou paillassons pour les couvrir pendant la nuit, quand le froid est piquant, et quelquefois le jour quand il gèle. On peut aussi semer les graines dans de petits pots qu'on enfonce dans la couche, et dont on tire le plant plus aisément quand il est question de le mettre en place.

Lorsque l'on a des châssis, on peut éviter d'occuper une couche entière pour y élever du plant ; on sème la graine sur le bout de la couche, sans attendre que la chaleur soit passée, parce que cette graine en demande beaucoup pour lever promptement, ce qui arrive cinq ou six jours après qu'elle est semée ; quelque temps qu'il fasse, elle obéit à la chaleur qui la presse ; lorsque le plant a atteint cinq ou six feuilles, il faut le réchausser, en

approchant un peu de terreau autour
du pied qu'on presse légèrement, afin
qu'il s'enracine davantage.

Il faut faire ici une grande attention
pour entretenir ce plant dans un même
degré de chaleur, le trop ou trop peu
le fait fondre, le trop ou trop peu d'air
produit le même effet : on lui fait res-
pirer l'air favorable quand le soleil se
montre, en levant la cloche ou châssis
d'un doigt seulement, depuis dix heures
du matin jusqu'à trois de l'après-midi,
qu'il faut rabaisser la cloche ou châssis.

Ce qui contribue le plus à maintenir
ce plant dans sa vigueur, c'est d'entretenir la chaleur de la couche par le
moyen des réchauds ; on enfonce la
main de temps en temps dans le milieu, et dès qu'on sent que la chaleur
s'éteint, il faut l'entretenir avec du fumier nouvellement pris sous les chevaux, le distribuer autour de la couche, le mêler avec l'ancien, ce qui
ranime le plant.

A proportion que le plant croît, il
faut lever un peu les cloches ou châssis,
pour donner de l'air, s'il survient quelques beaux jours ; mais ne jamais oublier de les baisser le soir, et de prendre le même soin jusqu'à ce que le

plant soit en état d'être repiqué sur
d'autres couches préparées, ce qui arrive lorsqu'il a poussé six à huit feuilles.
On trouve assez de place sous chaque
cloche pour en repiquer huit ou neuf,
et à proportion sous les châssis.

On le laisse ainsi un mois ou six semaines; réchauffé exactement, il fait
de bonnes racines, se fortifie, n'est
point sujet à fondre, et reste jusqu'à ce
qu'il soit en état d'être transplanté vers
la mi-avril; alors on prépare des couches nouvelles qui doivent avoir quatre
pieds de largeur et trois de hauteur.

Il faut ne planter qu'un seul pied, ou
tout au plus deux sous chaque cloche,
et former deux rangées sur la couche,
qui doit être couverte de six pouces de
terreau. Cette petite portion de terreau
est suffisante pour cette plante qui ne
craint rien tant que l'eau; plus le terreau abonde, plus il retient d'humidité qui se communique au pied, et
l'air et le soleil ont plutôt tiré l'humidité de six pouces de terreau que de
douze; ce même pied ayant moins de
nourriture, s'arrête plutôt à porter son
fruit; il ne pousse pas si vigoureuse-
ment ses bois gourmands, qui sont la
cause principale que le fruit coule dans

le temps qu'il doit nouer ; le pied est
moins sujet à fondre, le fruit se forme,
mûrit de bonne heure, a plus de goût,
étant moins nourri d'eau.

Lorsqu'on plante, il faut ne laisser
sous chaque cloche ou châssis que le
pied du milieu, ou tout au plus un second ; lever les autres avec la plus forte
motte de terre autour des racines, les
transplanter et arroser médiocrement,
ensuite poser les cloches ou châssis
qu'on recouvre de paille ou de litière
pour éviter la trop grande action du
soleil qui les fondroit.

Toutes ces attentions sont nécessaires
pendant les premiers jours ; lorsque le
temps vient à s'échauffer, on la sonde
avec les doigts en plein midi, et si l'on
sent la chaleur augmenter, on fait avec
un bâton pointu des trous de part en
part autour de la couche vis-à-vis le
plant, pour évaporer le trop de chaleur,
ensuite on donne de l'air aux plantes,
en soulevant un peu les cloches ; ce soin
duré quelques jours ; le plus grand feu
de la couche étant ralenti, on bouche
les trous, et le plant profite à vue d'œil.

Quand le plant est repris de huit à
douze jours, la première opération est
d'en tailler le montant au dessous des

deux premières feuilles et les deux oreilles ou les deux lobes, afin de lui faire pousser deux ou trois bras seulement ; cette taille doit être faite dans un temps sec, parce que s'il faisoit humide ou qu'il plût, la plante s'épuiseroit d'une partie de la sève.

Après la seconde taille, il commence à paroître des fausses fleurs, alors on coupe les feuilles gourmandes trop nourries, les vrilles, les fausses fleurs et les branches de faux bois, qui tous épuisent le suc nourricier nécessaire pour former leurs fruits.

Après la seconde taille, on voit encore pousser les branches allongées de quatre, six ou huit pouces, sans yeux, qui épuiseroient la plus grande partie de la sève, et retarderoient le fruit si on ne les retranchoit aussitôt.

Les bonnes branches à fruit, ce sont les courtes, celles qui ont les yeux près les uns des autres ; plus elles avoisinent du pied, plutôt le fruit est noué, plus il a de qualité et de grosseur dans sa maturité.

Pendant le cours de ces opérations le pied se fortifie, les cloches s'emplissent, les branches se multiplient et se disposent à faire leurs fruits ; alors il faut de

petites fourchettes propres à soutenir
les cloches qui demandent d'être un
peu élevées, pour donner plus ou moins
d'air aux plantes. Lorsque le fruit commence à vouloir nouer, il faut le tenir
à couvert des cloches ou de ses feuilles
pour l'empêcher de couler, de durcir,
et pour qu'il profite davantage. Lorsque
le fruit est noué, il faut observer de
tailler toujours à un œil au dessous du
fruit, s'il en arrête plusieurs, on choisit
les plus forts et les mieux formés pour
supprimer les autres. Trois ou quatre
melons suffisent sur un seul pied, pour
qu'ils aient leur qualité et grosseur.

Le melon étant parvenu à une certaine grosseur, les arrosemens sont
nuisibles : néanmoins dans les grandes
chaleurs il faut lui donner un peu d'eau
autour du pied seulement, pour empêcher le chancre ou la pourriture avant
la maturité du fruit.

Lorsqu'il est au point d'y arriver, et
que l'on craint qu'il ne prenne le goût
de la terre, on pose ce fruit sur un
morceau d'ardoise ou de tuile, l'ardeur du soleil le frappe de tons les
côtés, et le perfectionne ; il est mûr
lorsque la queue semble vouloir se détacher, et quand il exhale beaucoup

d'odeur : il sera bon s'il a la queue courte, ferme sous le doigt ou pesant à la main.

Ses propriétés.

La chair du melon a la vertu d'adoucir, rafraîchir, humecter, tempérer les ardeurs du sang, et de réjouir le cœur; sa graine entre dans les émulsions : on l'emploie pour rafraîchir les entrailles échauffées, fortifier l'estomac, ouvrir les pores, et provoquer les urines.

De la moutarde.

Cette plante annuelle, dont la graine se conserve environ quatre ans, se sème en mars dans une terre bien fumée et bien labourée : sa graine est très-petite, il faut semer à claire-voie; elle mûrit dans le mois de juillet, on la bat et on la vanne pour s'en servir au besoin.

Ses propriétés.

La graine de moutarde apprêtée aide à la digestion, excite l'appétit. Elle est apéritive, incisive, atténuante, propre contre les flegmes, le scorbut, à provoquer l'éternuement, mûrir les abcès, résoudre les tumeurs, réveiller dans l'apoplexie et la paralysie.

Du navet.

Le navet est une plante annuelle : il y a les navets de Vaugirard, de Belleville, de Meaux, de Freneuse, noir, et le navet de Suède ; on en sème la graine depuis mai jusque vers le mois d'août. Il exige une terre bien amendée et souvent labourée ; il se sème toujours à claire-voie : si les navets lèvent trop épais, on les éclaircit et on les place à dix pouces de distance les uns des autres, pour les rendre tendres et gros. Ils se cueillent à la fin de novembre, on coupe leur vert, on les enterre, on les met dans la serre ou dans la cave, pour les garantir des injures de l'hiver, et s'en servir au besoin. Sa graine dure de quatre à cinq ans bonne à semer.

Ses propriétés.

La décoction du navet est d'usage dans les bouillons, propre pour la poitrine, la toux, l'asthme et la phthisie. Sa graine est apéritive, détersive, incisive, digestive : elle excite les urines, chasse les tumeurs par la transpiration.

De l'oignon.

On distingue l'oignon rougé et long. Le rouge plat.

Le.

Le pâle plat.
Le blanc long.
Le blanc plat.
L'oignon d'Espagne.

L'oignon est quelquefois très-gros, quelquefois de la grosseur d'un œuf, d'une noix, même d'un pois. Et sa graine n'est bonne que pour deux ans.

On doit semer l'oignon à la fin de février, dans une terre meuble et légère, et dans les premiers jours d'avril, dans les terres argileuses, pesantes, aquatiques, comme étant plus froides; on en sème des carrés entiers, ou sur des planches dressées exprès, dans une terre bonne, amendée et bien labourée. Cette graine étant semée sur une terre meuble et légère, il faut marcher dessus à pieds joints, ensuite passer le râteau; si, au contraire, la terre est argileuse, pesante ou humide, on enterre la semence par le secours de la herse ou de la fourche de fer; et quelques jours après, il faut y passer le râteau.

La graine d'oignon se sème à la volée et à claire-voie, autant qu'il se peut, si elle lève trop épais, il faut l'éclaircir et laisser toujours les plus forts oignons à cinq ou six pouces les uns des autres. Il faut soigneusement les débarrasser des mauvaises herbes, sans oublier les arrosemens souvent réitérés, jusqu'à ce qu'ils commencent à tourner, alors on cesse de les arroser, à moins qu'il ne survienne une grande sécheresse.

Lorsque l'oignon a fait sa pomme et qu'il est parvenu à sa grosseur, ses fanes commencent à jaunir et à tomber sur les côtés, il faut les arracher un peu vert pour les conserver plus long-temps. On les laisse ensuite étendus sur la terre l'espace de sept à huit jours, pour les avoir au point de leur maturité ; après quoi on les épluche, on coupe la queue à deux pouces au dessus du fruit, et on les serre. Il est nécessaire de les remuer de temps en temps, d'en tirer ceux qui commencent à germer ou à pourrir, ces soins entretiennent l'oignon sec. Aux approches des fortes gelées, on les ramasse en tas et on les couvre de longue paille ou avec des couvertures.

Une autre manière de cultiver les oignons, est de commencer à semer la graine fort épais, dans le mois de mai, sur une ou plusieurs planches, de la laisser produire sans l'arroser et sans l'éclaircir, arrachant les mauvaises herbes qui lui nuisent.

Ces oignons pressés les uns contre les

autres, viennent très-petits : on les déplante étant mûrs, on les conserve jusque
vers la fin de février; pour lors on prépare une ou plusieurs planches, on tire
des alignemens au cordeau, et on les
replante en droite ligne, à la distance
de cinq ou six pouces en tous sens : ils
viendront beaux en leur donnant de
petits labours, suivis de plusieurs arrosemens au besoin : la graine d'oignon
se sème encore en septembre, et on les
replante sur des planches dans le mois
de février.

Si l'on en aperçoit de disposés à
monter en graine, il faut couper la tige
à fleur des premières feuilles.

Une chose essentielle à observer dans
la culture des oignons et autres plantes,
c'est que lorsqu'il y a apparence d'un
printemps humide ou pluvieux, l'expérience a fait voir qu'on devoit toujours
labourer la terre avec un peu de long
fumier, outre celui qu'on y a déjà mis,
et enterrer le tout ensemble : ce long
fumier contribue non seulement à la
conservation des plantes naissantes,
mais c'est une espèce de préservatif
contre tous les vers qui se trouvent dans
la terre. On doit en user de même à
l'égard de toutes les graines qu'on sème

au printemps, il en faut moins et on réussit mieux.

Ses propriétés.

L'oignon est apéritif, incisif, pectoral, résolutif, digestif, propre à la pierre, la toux, le scorbut, l'asthme, la surdité ; il résiste au venin, fait mûrir les abcès, il ne convient pas aux tempéramens venteux.

De l'oseille.

L'oseille de la grande espèce et celle nommée *vierge* sont vivaces, et celles dont on doit faire le plus de cas. L'oseille vierge se transplante tous les trois ou quatre ans à la fin d'avril et de septembre, en bordures ou sur des planches ou plates-blandes ; elle se multiplie de ses grosses touffes, que l'on sépare en plusieurs petites. Il faut ensuite bien fumer et labourer la terre, et y tirer des alignemens à la distance d'un pied en tous sens.

La seconde et la troisième espèce se sement en mars et août, et demandent une terre bien préparée ; si elles lèvent trop dru, il faut les éclaircir et les nettoyer des mauvaises herbes. Vers la fin de novembre, il faut leur donner un amendement, pour s'en servir au sortir de l'hiver. Ces graines durent de trois à quatre ans.

Ses propriétés.

Le goût aigret de l'oseille plaît, excite l'appétit, n'a rien de mauvais pour la santé; elle désaltère, fortifie le cœur, arrête le cours de ventre, est apéritive, rafraîchissante; elle a la vertu d'effacer les taches d'encre, de nettoyer et de dérouiller le cuivre; si on a des dents agacées, quelques feuilles mâchées y remédient, elle aide à la circulation du sang qu'elle rend fluide.

Du panais.

La culture du panais est semblable à celle de la carotte. Vers la fin de mars, on en sème la graine dans une bonne terre, profondément labourée : si elle lève trop dru, il faut l'éclaircir, la placer à un pied de distance l'une de l'autre. Le panais viendra gros en lui donnant de temps en temps de petits labours, et ayant soin d'en arracher les mauvaises herbes qui l'empêchent de profiter. Sa graine n'est bonne qu'un an.

Ses propriétés.

La graine du panais est diurétique,

carminative, on l'emploie comme l'anis,
avec les autres semences chaudes, pour
dissiper les vapeurs, les vents, la colique,
et elle arrête le cours de ventre.

De la patience.

La culture de la patience est la même
que celle de l'oseille. On sème la graine
en mars et en août, sur des planches
bien amendées et labourées ; si elle lève
trop épais, il faut l'éclaircir, l'arroser
dans le commencement et en arracher
les mauvaises herbes. Sa graine est
bonne pendant trois ans.

Ses propriétés.

La racine de la patience est laxative,
apéritive : elle sert dans l'hydropisie,
la jaunisse, les dartres et la gravelle.

Du persil.

Il y a plusieurs espèces de persil : le
commun, le frisé, la grande espèce,
celui de Macédoine et le panacé.

Le persil se sème en deux saisons, à
la fin de mars et en août, soit sur planches ou plates-bandes ; il faut que la
terre soit bien fumée et préparée pour
le recueillir beau, et ne point négliger
d'arracher les mauvaises herbes qui
l'empêcheroient de croître ; on doit

aussi l'arroser souvent, sur-tout dans les grandes sécheresses. La graine dure de quatre à cinq ans.

Ses propriétés.

La racine du persil et ses feuilles, prises en décoction, provoquent le vomissement, dissipent la pierre des reins, de la vessie et le lait aux femmes; il ôte la puanteur de l'haleine : ses feuilles pilées avec de l'eau-de-vie, sont bonnes contre les blessures, brûlures et contusions.

De la pimprenelle.

La pimprenelle est une des fournitures de salade. Sa graine se sème au mois de mars sur planches ou plates-bandes, au soleil ou à l'ombre, il n'importe, pourvu qu'on ne la laisse pas manquer d'eau. Elle vient même dans les chemins sans qu'on se donne la peine de la cultiver. Sa graine est bonne de deux à trois ans.

Ses propriétés.

La pimprenelle est rafraîchissante, apéritive, vulnéraire ; elle purifie le sang, est propre aux fluxions de poitrine, à la phthisie, provoque les sueurs et pousse les urines. Ses feuilles infusées

dans du vin blanc, dissipent l'enflure
et l'hydropisie.

Des pois.

Quoique les pois soient cultivés autant et plus que tous les autres légumes,
il convient cependant d'en décrire la
culture.

On compte beaucoup d'espèces différentes de pois, en forme ou couleur,
de différens goûts et qualités. Souvent
la plupart des meilleures espèces dégé-
nèrent, ce qui en procure de temps en
temps de nouvelles espèces.

Les meilleures espèces à cultiver sont :
Le pois baron.
Le pois michaux.
Le pois nain hâtif.
Le pois nain tardif.
Le pois carré blanc.
Le pois carré vert.
Le pois de Clamart.
Le pois dominé.
Le pois à cul noir.
Le pois nain à bouquets.
Toutes ces espèces différentes de pois
sont propres à écosser. Il y a aussi le
pois sans pareil, celui du masson, sans
parchemin, celui de Strasbourg, le
pois de Montencourt et celui à longue
cosse, tous ainsi nommés des lieux ou des

personnes qui en ont fait la découverte, qui se mangent avec leur cosse.

Les pois montent tous les ans à plus ou moins de hauteur, cela dépend du terrain et des saisons. Si la terre n'est que médiocre, ils s'élèveront moins, sur-tout s'il fait un temps sec, la récolte n'en sera pas forte, ils seront plutôt mûrs et auront moins de qualité; si, au contraire, ils sont plantés dans une terre forte, et que la saison soit pluvieuse ou humide, ils monteront plus haut, la dépouille en sera plus forte, ils auront plus de qualité. Le pois est bon à semer pendant deux ans au plus pour bien réussir.

Dans les jardins de peu d'étendue, on se borne ordinairement à ne planter de ce légume qu'autant que le terrain le permet. Mais dans les grands jardins, on en plante en différens temps des carrés entiers pour fournir toute l'année, soit verts, soit secs.

Si l'on veut des pois hâtifs dans la primeur, il faut choisir une terre amendée et bien préparée, située à l'exposition du levant ou du midi, à l'abri des murailles; dresser ensuite des planches larges de deux pieds pour y planter trois ou quatre rangées de pois.

Pour réussir, on commence à planter les premiers pois, si le temps le permet, à la fin de novembre, à la mi-janvier, vers la fin de février; enfin en mars, on peut en planter indistinctement dans tous les endroits du jardin.

Ils se plantent par touffes au nombre de six ou huit grains dans chaque trou, fait avec le plantoir, à la distance de cinq à six pouces l'un de l'autre et profond de trois en terre, ensuite on y fait passer le râteau.

Au mois de mars, on sème les pois nains dans des rayons tracés au cordeau sur planches, à la distance de huit ou dix pouces les uns des autres, profonds de trois, dans lesquels on sème les pois, qu'il faut recouvrir aussitôt, pour empêcher les pigeons de les emporter.

Les pois levés et sortis de terre à hauteur de trois ou quatre pouces, on leur donne un petit labour, par un temps beau et sec; ce qui fait périr les mauvaises herbes, qui, peu après, sont desséchées par l'ardeur du soleil; on rame ensuite les pois pour les empêcher de ramper : les rames se fichent dans la terre aux deux côtés et au milieu des planches : il faut observer de les tenir un peu couchées en dedans pour ne point embarrasser les passages et les sentiers, et avoir plus de facilité à les cueillir.

On doit semer ou planter des pois tous les mois, depuis et à compter de janvier, si le temps le permet, jusque dans celui de juillet; c'est le moyen d'en avoir dans le printemps, l'été et l'automne. Passé juillet, il n'en faut plus semer.

Ses propriétés.

Les pois sont venteux et indigestes; cependant ils sont apéritifs, restaurans, émolliens et laxatifs.

Du poivre-long.

Sa graine, qui se conserve deux ans, se sème sur couche en avril; en mai, on met les plantes sur des planches bien fumées et préparées, à la distance de huit à dix pouces les unes des autres. Pour les faire produire, il faut avoir soin d'arroser dans les temps chauds. Le fruit se cueille, soit vert pour confire, soit mûr pour en conserver la graine.

Ses propriétés.

Le poivre-long, étant vert et confit dans le sucre, aide à la digestion, for-

tifie l'estomac, dissipe les vents et excite l'appétit.

De la pomme de terre.

C'est toujours dans les mois de mars
ou d'avril au plus tard qu'on plante la
pomme de terre, dans une terre bien
fumée et bien bêchée : on en met une
ou deux dans chaque trou, que l'on fait
avec la bêche, à la distance de trois
pieds les uns des autres, profonds en
terre de trois pouces. Elles viendront
bien si on les débarrasse des mauvaises
herbes, qui pourroient les suffoquer ;
et à la mi-juin, il faut butter chaque
plante, pour couvrir les pommes de
terre et les avoir plus grosses.

Si, au lieu de petites pommes de terre
pour semence, on en prend de grosses,
alors on les coupe par morceaux qu'on
met dans chaque trou, il suffit qu'à
chaque morceau il y ait un œil.

Ses propriétés.

La pomme de terre est nourrissante,
apéritive, restaurante, d'un goût doux,
savoureux et farineux.

Du pourpier.

Le pourpier vert, qui est moins susceptible

ceptible de froid que le doré, se sème
sur couches et sous cloches dans le mois
de mars, et même jusqu'en mai. Alors
on sème le doré, soit sur couches ou
en pleine terre, bien fumée et préparée : on peut planter quelques planches
à cinq ou six pouces de distance d'une
plante à l'autre pour en avoir des côtes
fortes. Il faut au besoin lui donner de
l'eau et le nettoyer de toutes mauvaises
herbes. Sa graine dure de trois à quatre
ans.

Ses propriétés.

Le pourpier est rafraîchissant, il
adoucit les âcretés de la poitrine, tue
les vers, purifie le sang, les ulcères de
la bouche, appaise la soif ; les feuilles
mâchées dissipent, comme l'oseille,
l'agacement des dents.

Du poireau.

La culture du poireau est des plus
simples ; sa graine se sème en pleine
terre vers la fin de février, sur quelques planches dont la terre soit bien
fumée et labourée ; il faut avoir soin de
l'arroser au besoin, et détruire toutes
les mauvaises herbes qui lui nuisent.

Le poireau étant assez fortifié, et

s'il a atteint la grosseur d'une forte plume, on doit commencer à dresser des planches bien fumées et labourées, dans lesquelles on trace les rangées à six pouces les unes des autres, et on pose le plant de même. Avant de lever le plant, il faut le mouiller, ensuite couper la moitié de ses fanes, et ses racines jusqu'auprès du talon.

On plante le poireau avec le plantoir à cinq ou six pouces de profondeur en terre, et sans boucher le trou, on l'arrose si le temps est sec : l'eau emporte la terre, couvre la racine, la plante est mouillée à fond et reprend si facilement, qu'au bout de trois jours on voit les feuilles allongées ; il faut continuer d'arroser si le temps l'exige, et donner de petits labours de temps à autres pour détruire les mauvaises herbes.

Au mois de novembre on les déplante pour les replanter ensuite en pépinière à quelque abri, afin de leur procurer de la blancheur et de les rendre tendres.

Ses propriétés.

Le poireau est apéritif, incisif, pénétrant, résolutif ; cuit, il excite les crachats, les urines, provoque les mois aux femmes, abat les vapeurs, il est propre à guérir les hémorroïdes; en l'appliquant en forme de cataplasmes, elles se détendent, et il emporte l'inflammation.

Du raifort.

Des deux espèces de raiforts noirs, l'un est hâtif, l'autre tardif; la graine du premier se sème en mars, afin d'en avoir de bonne heure, et le second vers la mi-mai; en le semant plutôt il seroit sujet à monter en graine; il lui faut une terre bien amendée et profondément labourée; s'il lève trop épais, il faut l'éclaircir et le placer à huit ou dix pouces l'un de l'autre, afin de lui procurer une belle croissance. Ses graines se conservent de trois à quatre ans.

Ses propriétés.

Sa racine est apéritive, incisive, détersive, propre à la pierre, colique, rétentions d'urine, jaunisse, hydropisie et scorbut; elle est aussi d'usage dans les fièvres malignes, en l'appliquant sous la plante des pieds, elle emporte la fièvre.

De la raiponce.

La raiponce se sème vers la fin d'août
sur des planches bien fumées et labourées : elle exige d'être souvent arrosée
pour la faire lever de terre, on la sarcle
ensuite de toutes les mauvaises herbes, et on la laisse jusqu'après l'hiver;
alors on commence à en jouir depuis le
commencement de février jusqu'à la
fin d'avril, temps de pousser sa tige;
on laisse en terre ce que l'on veut pour
monter en graine qui se conserve trois
ans environ.

Ses propriétés.

La raiponce est apéritive, rafraîchissante, elle provoque les urines.

De la rave et du radis.

On commence à en semer vers la fin
de février sur couches nouvelles pour
en avoir dans la primeur : en mars,
avril et mai, on les sème en pleine
terre bien amendée; on en sème encore en août et septembre pour la fin
de l'été et dans l'automne; s'ils lèvent
trop épais, il faut les éclaircir et les
arroser aussi au besoin. Les graines durent de huit à dix ans.

Ses propriétés.

La rave excite l'appétit et provoque les urines.

De la réglisse.

La réglisse est une plante vivace qui ne se sème point, elle se multiplie de fortes plantes, qu'on partage en plusieurs petites, qu'on doit planter dans un endroit séparé et isolé, la laissant croître sans y toucher plusieurs années, afin qu'elle devienne plus forte et plus parfaite pour en faire usage. Souvent on la met dans des baquets pleins de terre, afin que ses racines ne courent pas trop loin, et qu'on puisse les avoir au besoin.

Ses propriétés.

La racine de la réglisse est pectorale, elle adoucit l'âcreté du rhume, elle excite les crachats, humecte la poitrine et les poumons, elle désaltère ; on s'en sert en poudre, en infusion et en décoction. On donne la réglisse verte nouvellement déplantée à mâcher aux petits enfans pour faire pousser les dents.

Du salsifis.

Dans le commencement d'avril il faut dresser quelques planches pour semer le salsifis, avoir une terre bien amendée et profondément labourée, sans quoi la racine seroit sujette à fourcher; sa graine étant longue, on doit, après l'avoir semée, l'enterrer avec la fourche de fer qu'on fait aller et venir de la même manière qu'un râteau; s'il arrive qu'elle lève trop épais, il faut l'éclaircir et la placer à trois ou quatre pouces les unes des autres; on la laisse croître deux années avant d'en faire usage. La graine est bonne pour deux ans.

Ses propriétés.

La racine du salsifis est stomacale, rafraîchissante, cordiale, apéritive et pectorale; on l'emploie dans les tisanes.

Du scorsonère.

La graine du scorsonère se sème à la fin de mars, il faut préparer une ou plusieurs planches bien fumées et labourées; la graine étant très-longue, on doit la bien enterrer par le secours de la fourche; si elle lève trop épais, il faut l'eclaircir et les placer à trois ou quatre pouces les unes des autres; elle produira bien en lui donnant de petits labours de temps à autre, et en arrachant les mauvaises herbes.

Ses propriétés.

On emploie la racine du scorsonère dans les maladies malignes; elle est pectorale, rafraîchissante, apéritive; ses feuilles sont vulnéraires et consolidantes.

De la sarriette.

Elle croît en tout terrain si facilement, qu'elle se produit seule tous les ans où il y en a eu une fois. La graine se sème en mars, elle viendra très-bien en ne négligeant pas de la sarcler et de l'arroser au besoin.

Ses propriétés.

La sarriette est apéritive, pénétrante, fortifie l'estomac, aide à la respiration, provoque l'urine, fortifie les nerfs.

De la sauge.

La sauge se multiplie de ses racines éclatées, elle se plante en bordures, en avril ou septembre; elle se coupe tous les ans quand elle commence à fleurir.

Ses propriétés.

La sauge est stomacale, apéritive, résolutive, hystérique, céphalique et nervale ; on emploie ses feuilles et sa fleur dans les décoctions et fomenta-tions aromatiques, pour fortifier les nerfs, ramollir les tumeurs, affermir les chairs. Ses feuilles appliquées sur le front fortifient la vue ; prises en guise de thé elles fortifient le cerveau, dissipent les vertiges, les vapeurs, l'assou-pissement, l'apoplexie et la paralysie. aident à la circulation du sang, et forti-fient les estomacs foibles.

Du thim.

Le thim se multiplie de graines ; mais encore mieux des fortes plantes enracinées que l'on sépare en plusieurs petites. Il se met en bordures, se plante en avril, et se renouvelle tous les trois ans.

Ses propriétés.

Le thim est apéritif, pénétrant, in-cisif, résolutif, il fortifie le cerveau, entre dans les décoctions, les infusions aromatiques et céphaliques, propres à l'asthme, aux coliques venteuses, il excite l'appétit, provoque la sueur, et aide à la digestion.

De la pomme d'amour ou tomate.

Au printemps on sème la graine sur couches, et ensuite on repique le plant en pleine terre à bonne exposition.

Du topinambour.

C'est dans le mois de mars qu'on le plante, dans une bonne terre bien fumée et bien labourée ; on en met deux dans chaque trou, que l'on fait avec la bêche, à la distance de trois pieds les uns des autres, à la profondeur de quatre à cinq pouces.

Ses propriétés.

Le topinambour est détersif, astringent, pectoral, propre pour arrêter les cours de ventre ; il est contraire aux tempéramens venteux.

De la trique-madame.

Elle se multiplie de ses rejetons, que l'on sépare de ses fortes plantes, qui forment autant de nouveaux pieds étant plantés dans une bonne terre à la

distance de six à huit pouces les uns
des autres; pour les faire profiter et
les attendrir, on les arroser souvent.

Ses propriétés.

La trique-madame est rafraîchissante, humectante, excite l'appétit.

---

*Manière de faire une pépinière,
d'y élever des arbres à fruits de
pépins, de noyaux et de boutures, de les greffer, tailler pour
espalier ou plein vent, de les
diriger; leur description, etc.*

Une pépinière est une pièce de terre
plus ou moins grande, où l'on élève
des sauvageons et autres sujets de toutes
espèces, destinés pour la greffe et à
écussonner.

La terre destinée à placer une pépinière doit être bonne, profondément
labourée, faute de quoi le plant lan-
guiroit : sa position doit être au grand air,
et à l'exposition du levant ou du midi.

Manière d'élever les arbres de pepins.

On se sert ordinairement des pepins

de poires et de pommes ; il faut les semer vers la fin de novembre ; on dresse à cet effet une ou plusieurs planches de trois pieds de large, sur lesquelles on tire au cordeau trois ou quatre rayons profonds de deux pouces seulement ; on y sème ces pepins bien clair, et on les recouvre aussitôt de terre, afin que la gelée ne puisse leur nuire ; on les couvre de grandes litières qui s'ôtent dès que l'hiver est passé, et vers la fin d'avril on les sarcle de toutes les mauvaises herbes, on les arrose et on les bine de temps en temps ; avec cette attention on contribue beaucoup à leur croissance.

Manière d'élever les arbres à noyaux.

Pour multiplier les sujets dans les pépinières, il est nécessaire de préparer au mois de novembre quelques planches dans une situation aérée, sur lesquelles on trace des rayons profonds de deux à trois pouces, pour y semer séparément les uns des autres des noyaux de prunes, de cerises, d'abricots, et les amandes, à un pouce les uns des autres ; on les couvre de terre et on les abrite avec de longues litières qu'il ne faut ôter qu'après l'hiver.

Lorsque ces jeunes plants, soit de pepins ou de noyaux ont poussé leur première année, il faut au mois de mars suivant dresser au cordeau de petites tranchées distantes de deux pieds environ, pour pouvoir sarcler aisément et soigner le plant, et profondes de trois à quatre pouces sur autant de largeur, observant de mettre la terre d'un seul côté; on lève ensuite les plants les uns après les autres, prenant les mesures nécessaires pour n'en point endommager les racines, dont on doit couper les extrémités; on les pose ensuite dans les petites tranchées à un pied les uns des autres.

Manière d'elever les pepinières de cognassiers.

Le cognassier s'élève de boutures, en choisissant vers la fin de novembre, sur les forts cognassiers, des branches de la grosseur du doigt, ou de moindre grosseur, longues de douze à quatorze pouces, qu'on taille en forme de pied de biche, et qu'on plante en terre dans des trous faits avec la bêche, de trois à quatre pouces de profondeur; elles réussiront au mieux pour peu que le

terrain

terrain soit humide, sans quoi il faut les arroser.

On fait encore des boutures de co-gnassiers en étendant les branches d'une mère, qu'on marcotte, pour ainsi dire, comme un pied d'œillet, et qu'on bine ensuite quand elles sont enraci-nées, ce qui est plus prompt et plus sûr.

Du gouvernement des pepinières.

Il faut, dans le mois de mars, don-ner un petit labour entre les rangées, pour détruire les mauvaises herbes, en observant de ne pas faire tort aux ra-cines qui sont autant de canaux, par où ces jeunes plants tirent leur nour-riture. Ces labours doivent se réitérer autant et aussi souvent qu'ils peuvent en avoir besoin, et ne point négliger de retrancher jusqu'à un pied de hau-teur les branches basses à mesure que les jeunes plants profitent, c'est une disposition par avance à recevoir l'é-cusson.

Pour avoir par la suite des sujets propres à faire des arbres de tige, il faut retrancher les branches superflues qui naissent autour du corps, à telle hauteur qu'on le juge nécessaire pour la greffe ; on en conserve quelques-unes seulement pour que la tige profite mieux.

Si les jeunes plants n'ont point été négligés , ils auront assez profité pour recevoir la greffe dans la cinquième ou sixième année, au lieu que ceux que l'on destine pour l'écusson , pourront servir à cet effet dans la troisième ou quatrième.

Il faut observer sur-tout que la pépinière soit très-propre , et qu'aucune mauvaise herbe ne s'y domicilie en s'y perpétuant par ses graines.

Des différens sujets propres à recevoir la greffe ou l'écusson.

Le franc ou le poirier sauvage se plaisent à la greffe comme à l'écusson , pour toutes espèces de poires seulement. Pour en faire des arbres nains , pour espaliers ou pour contre-espaliers, on les écusonne à trois ou quatre pouces de terre ; pour en faire des arbres de tige , on les greffe en fente à trois ou quatre pieds de hauteur.

Le poirier greffé ou écussonné sur le franc demande un fonds de terre sèche et légère , pour produire plûtôt son fruit ; il en sera plus sec , plus sucré , que s'il étoit planté dans un terrain humide : l'expérience apprend de ne planter aucuns poiriers greffés sur franc dans un terrain aquatique, parce qu'ils produisent si abondamment de faux bois, qu'il serait impossible de les traiter selon les règles de la taille.

Le cognassier ne doit point être greffé, parce que la fente fait une plaie longue à se recouvrir, il se plaît beaucoup mieux à l'écusson ; l'incision qu'on y fait ne lui cause aucun mal, s'il vient à manquer, le pied n'est point perdu comme il arriveroit par la fente, et on peut l'écussonner de nouveau l'année suivante.

Toutes les espèces de fruits écussonnés sur cognassiers exigent un fond humide ; il est bien constant que le fruit n'aura pas le goût si relevé que s'il étoit planté dans un terrain sec et léger, mais l'arbre en durera plus longtemps, produira plus de bois, et le fruit en sera plus gros.

Lorsque l'on veut avoir des cerisiers en espaliers ou en contre-espaliers, ils doivent être écussonnés sur des sujets provenans de noyaux, et dont l'écorce soit noirâtre ou roussâtre, parce que de cette espèce ce sont des sujets qui ne

s'emportent point , la sève n'agit point
en eux avec autant de force que s'ils
étoient écussonnés sur merisiers. Si l'on
a en vue d'avoir des cerisiers à plein-
vent, il faut se servir des merisiers ,
espèce de cerisier sauvage qui croît dans
les bois , ayant l'écorce unie , blanchâtre , d'un vert luisant ; on les greffe
en fente à telle hauteur qu'on veut , dès
qu'ils ont atteint trois ou quatre pouces
de circonférence.

Les merisiers greffés ou écussonnés ,
pour arbres nains , doivent être plantés
dans un terrain sec et léger , ils produi-
ront de beaux fruits , et les arbres dureront plus long - temps ; au lieu que
plantés dans un fond argileux , humide , ils donneroient tant de bois , qu'il
seroit presqu'impossible de les conte-
nir dans les règles qu'exige un espalier.

De la manière de multiplier et de planter la vigne.

La vigne se multiplie de ses branches ou sarmens provenus de la première ou seconde année précédente.
On choisit à cet effet celles qui sortent
directement du pied et de la souche ;
on les couche au mois de mars dans
de petites fosses profondes de six ou

huit pouces, c'est ce qui s'appelle du plant de vigne enraciné pour l'année suivante.

La vigne se multiplie encore de bouture avec de nouveaux bourgeons coupés sur les ceps, qui se taillent en forme de pied de biche ; les bourgeons doivent être de douze à quinze pouces de longueur, on y laisse trois ou quatre yeux hors de terre ; ils se plantent ensuite dans une terre profondément labourée, il ne faut point négliger de les arroser dans les chaleurs de l'été, pour qu'ils produisent de bonnes racines ; deux années suffisent pour les avoir propres à planter.

La plantation de la jeune vigne doit être faite en mars ; on fait alors des trous profonds d'un pied, observant de tenir la vigne un peu courbée lorsqu'elle est placée le long d'une muraille, ou destinée à former une haie ; on répand ensuite du fumier sur le pied pour le nourrir et empêcher que l'ardeur du soleil n'enlève le suc de la terre. Les terrains où l'on plante la vigne exigent autant d'attention que ceux des plants d'arbres, il faut leur donner les engrais conformes à leur tempérament, sans négliger les petits labours

de temps en temps, pour tenir la terre
meuble et humide ; c'est le vrai et le
plus sûr moyen pour contribuer à la
végétation de la vigne, et à la destruction des mauvaises herbes.

De la greffe.

Rien de plus ingénieux, de plus
utile et de plus agréable que l'inven-
tion de la greffe. On a découvert le
moyen de faire changer de nature aux
sujets sauvages, et de multiplier le
bon fruit. C'est à la greffe seule que
l'on est redevable des excellens fruits
dont on jouit, elle est en quelque sorte
le triomphe de l'art sur la nature. On
a trouvé le secret de faire changer d'espèce et de forme à un arbre, par le talent de lui faire adopter un fruit qui
lui est, pour ainsi dire, étranger, et en
le forçant même de le nourrir de sa
propre substance.

Des différentes greffes.

Greffer, en terme de jardinage, est
couper la tête ou les branches à un arbre, pour lui procurer une tête nouvelle ou de nouveaux bras ; on peut
réduire à trois classes différentes la
manière de greffer les arbres fruitiers ;

la greffe en fente, la greffe en couronne, l'écusson à œil dormant.

La greffe en fente ne convient qu'à des sujets de la grosseur de trois pouces de circonférence, à l'endroit même où l'on veut poser la greffe.

La greffe en couronne se pratique sur de fortes tiges, ou sur de grosses branches étronçonnées de vieux arbres qui poussent encore avec vigueur, dont l'espèce n'est pas bonne.

L'écusson à œil dormant s'applique sur toutes espèces de sujets, tant à pepins qu'à noyaux; dès que l'on a dessein d'en faire des arbres nains, il faut seulement que les sauvageons aient un doigt de grosseur.

Lorsqu'il s'agit de choisir des rameaux propres à servir de greffes, il faut toujours prendre les plus voisins de ceux chargés de mères à fruits, parce que c'est une marque évidente de fécondité; l'intelligence et l'expérience font connoître le bois qu'on doit mettre en usage.

Le temps de cueillir les greffes est le mois de février, et pourvu que l'on ait soin de les mettre en terre pour les trouver fraîches lorsque l'on veut s'en servir; il est sûr qu'elles réussiront.

Manière, et temps de greffer en fente.

C'est ordinairement vers la fin de février qu'on doit greffer les fruits à noyaux : quant aux fruits à pepins, on retarde cette opération jusqu'au commencement d'avril.

Ce travail doit se faire par un temps sec, parce que les pluies trop fréquentes empêcheroient la greffe de s'attacher au bois, et le sujet de former le calus. Les outils propres pour greffer, sont une scie, une serpette, un maillet, un petit coin de bois bien dur et un greffoir.

On commence par tailler la greffe en l'incisant des deux côtés en forme de coin, long d'un pouce; en observant de laisser toujours l'écorce qui borde le coin sur le côté, et que le côté qui doit rester en dehors, soit plus large que celui qui doit être en dedans, de sorte qu'il faut que la greffe qu'on taille ait la forme et la figure d'une lame de couteau. On donne ordinairement trois ou quatre pouces de longueur à une greffe, sur laquelle il doit se trouver autant d'yeux, pour pousser autant de branches.

Avant de préparer le sujet à recevoir

la greffe, il faut examiner s'il est assez fort pour en placer une ou deux : s'il n'est propre que pour une, il faut le tailler moitié en pied de biche et moitié plat, afin que la greffe y soit placée à son aise : au lieu que si ce même sujet est capable de porter deux greffes, pour lors on met la scie en usage pour le scier horizontalement en prenant les mesures nécessaires pour ne point éclater l'écorce; et dès que l'on a scié ainsi la tête du sujet, on prend la serpette avec laquelle on nettoie et on égalise l'endroit où la scie a passé pour la plus grande propreté.

L'opération de la fente se fait ainsi : on pose la serpette en forme de croix sur le tronc de l'arbre, un peu à côté de la moëlle, ensuite on se sert du maillet pour la faire entrer en frappant doucement dessus, ce qui ouvre la fente et la met en état de recevoir la greffe; on insère ensuite la greffe dans cette fente, de manière que le dehors des écorces, tant du sujet que des greffes, viennent unies et à fleur l'une de l'autre, de sorte que la sève, venant à monter du pied, trouve la facilité de se saisir de la greffe, en s'insinuant entre le bois et l'écorce.

Il faut avoir attention de ne point laisser de vide entre la greffe et les côtés de la fente : il faut nécessairement que cette fente soit entièrement remplie, faute de quoi la reprise seroit douteuse. On se sert ensuite d'écorce d'arbres ou d'autres choses semblables, qu'on ajuste proprement sur les deux côtés de la fente et entre les greffes, qu'il faut avoir soin de bien serrer avec un osier ; ensuite on emmaillotte le sujet nouvellement greffé avec une terre argileuse, mêlée avec du foin ou des étoupes, dont on fait des espèces de poupées, ce qui l'a fait nommer *greffe en poupée*.

Cette sorte de poupées sur le tronc des arbres nouvellement greffés, sert à tenir la greffe dans une humidité tempérée, qui aide à la reprise et qui la garantit des injures du temps.

Manière et temps de greffer en couronne.

La greffe en couronne ne convient qu'à de gros sujets auxquels on étronçonne la tête ou les bras ; cette opération se fait vers la fin d'avril, lorsque la sève commence à s'émouvoir, alors l'écorce se détache plus aisément de son bois.

Quant aux arbres destinés à greffer
en couronne, il faut remarquer s'ils
poussent encore avec vigueur, et si l'espèce de fruit qu'ils portent ne vaut rien,
ou s'il déplaît, observant que plus un
arbre que l'on greffe en couronne a de
force et de vigueur, plus les greffes dont
on doit se servir doivent être fortes, la
réussite en est plus certaine que si elles
se trouvoient trop foibles.

Cette observation faite, et le sujet
choisi, on commence par lui scier la
tête ou les branches; en prenant garde
de ne pas éclater l'écorce, afin de n'être
point obligé d'y faire passer la scie
une seconde fois.

Les greffes qu'on met en usage pour
la couronne, ne doivent être taillées
que d'un seul côté, il faut que le haut
de cette entaille soit incisée très-proche
de la moëlle de la greffe, pour se ter-
miner presqu'à rien par le bas, ce qui
donne plus de facilité à la faire entrer
dans l'ouverture où on doit la placer.

Des greffes ainsi taillées et prêtes à
placer sur le sujet, on se sert d'un petit
coin de bois mince à proportion des
greffes, il se pose sur l'extrémité du
sujet entre le bois et l'écorce, frappant
doucement de la main pour y faire

une ouverture juste à la grosseur des greffes.

Il faut observer que le côté de l'entaille des greffes doit être posé sur le bois du tronc de l'arbre, et que l'écorce doit regarder celle du sujet ; on peut ranger trois, quatre ou cinq greffes sur le tronc d'un arbre, à deux pouces les unes des autres, s'il est assez fort ; ce qui forme dessus cette tête une espèce de couronne, ce qui l'a fait nommer *greffe en couronne*.

Aussitôt que les greffes sont placées, on prend les mesures nécessaires pour les bien serrer avec un osier, pour les empêcher de vaciller, ensuite on met en usage la terre argileuse mêlée avec du foin ou des étoupes, pour en faire des poupées semblables à la greffe en fente.

La greffe en couronne est plus facile pour la réussite que celle en fente, elle est moins à craindre pour le dépérissement du sujet, parce qu'elle ne fatigue ni le tronc ni les branches, au lieu que la greffe en fente exige une incision, qui donne une rude secousse à l'arbre, et qui souvent lui cause une plaie violente.

De

De l'écusson à œil dormant.

L'écusson à œil dormant convient à toutes espèces de fruits, soit à noyaux, soit à pepins, excepté les cerisiers, comme sujets à la gomme, à moins que ce ne soit pour en faire des arbres nains.

Le vrai temps d'écussonner est vers la fin de juin, pour les fruits à noyaux : à l'égard des fruits à pepins, il faut attendre jusque vers la mi-juillet, la sève est alors encore en mouvement autant qu'il le faut.

Tout sujet propre à écussonner les fruits à noyaux doit avoir tout au plus trois ans ; s'il est plus vieux, la réussite en sera douteuse, à moins de se servir des branches, encore faut-il qu'elles soient jeunes et tendres, au lieu qu'on peut écussonner tout sujet à pepins depuis trois jusqu'à six et même huit ans.

Observer de ne jamais placer deux écussons sur le même sujet vis-à-vis l'un de l'autre. Lorsque l'on met deux écussons, il faut toujours qu'il y en ait un plus élevé que l'autre.

Pour bien réussir dans l'écusson, il faut choisir de jeunes rameaux produits de l'année, qui aient des yeux bien nourris, soit pour les fruits à pepins ou ceux à noyaux : la connoissance qu'on doit avoir des branches garnies de bons yeux est essentielle.

Quand on a des sujets prêts à écussonner, il faut remarquer l'endroit le plus propre et le plus uni, pour y faire, avec la pointe du greffoir, une incision en forme de T. Celle d'en haut doit être horizontale, large d'un demi-pouce, et celle d'en bas doit être perpendiculaire, longue d'un pouce, en prenant bien garde de ne pas toucher le bois sous l'écorce, parce que l'écusson ne pourroit s'y attacher avec le bout du manche du greffoir, qui est un morceau d'ivoire aminci à cet effet.

La levée de l'écusson se fait en prenant un des rameaux récemment cueillis; on coupe les feuilles jusque près de la queue seulement, ce qui donne aisance à tenir l'écusson entre les doigts, afin de le placer plus aisément dans l'incision faite au sauvageon ; si ce sont des pêches ou brugnons qu'on veuille écussonner, il faut que les écussons qu'on lève sur les rameaux soient garnis d'yeux doublés ou triplés; à l'égard de toutes les autres espèces de fruits, tant à pepins qu'à noyaux, les yeux simples sont bons et réussissent aisément.

Pour réussir à bien lever ces yeux sur les rameaux, il faut se servir de la pointe du greffoir, avec laquelle on fait trois incisions autour de l'œil, semblable à un triangle, on détache ensuite l'œil de son bois très-aisément avec les doigts.

L'écusson étant levé, il faut qu'il se trouve sous l'œil un petit germe, s'il n'est pas resté attaché sur le bois : c'est dans ce germe que se tient et que réside le siége de la génération, faute de quoi on perdroit son temps. L'écusson peut encore se lever d'une autre façon et sans faire d'incision, en le coupant en façon d'une petite pièce de la longueur d'un pouce, l'œil doit se trouver dans le milieu juste de cette pièce. Il s'agit d'ôter le bois qui se trouve aux deux côtés du germe; ce qui se fait en appuyant l'ongle du pouce droit dessus le germe, et avec la pointe du greffoir, on tire le bois seulement pour laisser le germe : cette manière de lever l'écusson est bonne, lorsque les rameaux n'ont plus guère de sève, mais la première façon est la meilleure, parce que l'écusson est plutôt et mieux levé.

L'écusson ainsi levé avec le germe, on l'applique aussitôt sur le sujet des-

tiné auquel on fait l'incision en forme
de T, comme il vient d'être dit : l'écorce
de l'incision doit le couvrir entièrement, à l'exception de l'œil, qui ne doit
jamais l'être, ce qui se pratique en commençant par introduire l'écusson par
la pointe entre l'écorce et le bois du
sujet dans l'incision perpendiculaire
jusqu'à ce que le dessus de l'œil ré-
ponde justement à l'incision horizontale.

L'écusson bien posé, on le lie avec
du chanvre ou de la laine, raccourcis-
sant ensuite l'extrémité des branches
du sujet, pour obliger la sève à se com-
muniquer plutôt à l'écusson nouvellement planté.

Il faut observer de toujours écussonner par un temps couvert, qui ne soit
ni trop chaud ni pluvieux, parce que
l'ardeur du soleil dessèche l'écusson,
et les pluies l'empêchent de s'attacher
au sujet.

S'il arrive que l'écusson veuille s'é-
mouvoir avant l'automne, il faut l'empêcher, en le déliant, autrement il
pousseroit et il périroit infailliblement
par les froidures : la sève alors passe
outre, et ne se communique pas entièrement à l'écusson, ce qui le fait avorter.

Enfin, après toutes les précautions
prises, on laisse l'écusson en cette situation jusqu'au mois de mars ; s'il
donne alors des marques évidentes de
sa reprise, c'est-à-dire, s'il commence
à pousser, on coupe le sujet à un pouce
au dessus de l'écusson ; ce long délai,
qu'on attend pour couper ce sujet, est
ce qui a fait donner le nom à cette sorte
de greffe d'écusson à œil dormant.

Qualités que doivent avoir les arbres fruitiers.

Lorsqu'on veut planter un jardin, si
on n'a pas l'avantage d'avoir des pépinières, il faut alors faire ensorte que
ceux qu'on achète aient les qualités suivantes :

1°. Voir s'ils ne sont point vieux dé-
plantés ;

2°. S'ils n'ont point l'écorce ridée,
le bois sec ou mort ;

3°. S'il n'y a point de défaut à la
greffe ou à l'écusson, et s'ils ont une
figure convenable à être plantés aux
lieux qui leur sont destinés : s'ils n'ont
pas été greffés plusieurs fois, ce qui
s'appelle *rebottés* ;

4°. Il faut encore avoir égard aux
racines, qui doivent être nombreuses

et en bon état, autrement l'arbre n'est nullement propre à être planté.

Sur les différentes expositions.

Exposition, en terme de jardinage, signifie l'endroit où le soleil frappe, soit directement ou obliquement. On en distingue quatre principales, le levant, le midi, le couchant et le nord.

Le levant et le midi sont très-favorables aux pêchers, abricotiers et aux fruits d'hiver. Ils rendent leurs fruits coloriés, et leur donnent un goût supérieur.

A l'exposition du couchant, on peut y placer des fruits d'été et d'automne, il est bien certain que ces fruits n'auront point une qualité aussi relevée que ceux des autres expositions; mais ils deviendront plus gros et propres à manger plus tard en saison.

Quand à l'exposition du nord, elle n'est bonne que pour y placer des pommiers, du verjus, des cerisiers, pruniers, framboisiers, noisetiers ou arbrisseaux de verdure.

Les espèces de fruits qui demandent plutôt l'espalier et le secours de la muraille que d'autres, sont le bon chrétien d'hiver, le colmar, le Saint-Germain, le beurré, la crassanne, le doyenné.

Manière de lever les arbres à fruits et du temps de les planter.

En plantant des arbres, on doit observer de ne blesser aucunes parties de leurs racines, parce qu'il est très-nécessaire qu'ils en aient beaucoup, bien disposées, et sur-tout de nouvelles, qui soient en quelque façon parfaites : cette observation est des plus essentielles, puisque ces jeunes et tendres racines sont autant de canaux par où les arbres doivent tirer la nourriture dont ils ont besoin.

Avant de planter toutes espèces d'arbres fruitiers, soit nains, soit de tige, que je suppose avoir bien choisis, il faut :

1°. Couper et rafraîchir les racines superflues, celles qu'on juge inutiles, observant de faire ce retranchement jusqu'au bois le plus vif;

2°. Ne laisser à ces racines que cinq, six ou huit pouces de longueur, et à proportion quand elles sont foibles;

3°. Observer que le mois de novembre est celui où l'on doit planter toutes espèces d'arbres à fruits dans les terrains meubles et légers; ils peuvent commencer pour lors à se faire quelques petites racines, ce qui est toujours un avantage pour le printemps suivant ;

4°. À l'égard des terrains froids, durs et aquatiques, il vaut mieux attendre à planter dans le mois de mars, parce que les arbres qui ne pourroient rien faire durant l'hiver, pourroient, au contraire, gâter et pourrir ;

5°. Il faut toujours choisir de beaux jours secs, si faire se peut, pour planter ; les temps pluvieux sont non seulement très - préjudiciables aux arbres qu'on plante, parce que cette terre, qui se convertit trop aisément en mortier, n'est point propre à se glisser et s'insinuer autour des racines pour ne point y laisser de vide.

Les trous destinés à recevoir les arbres doivent être préparés, ils doivent aussi être assez grands, autrement l'arbre ne feroit que languir : ces trous doivent avoir trois pieds en tous sens, et deux de profondeur.

Il faut planter les arbres de façon qu'il n'y ait aucun vide entre la terre et les racines, ce qui se fait en soulevant l'arbre enterré, et pressant ensuite doucement de tous les côtés avec le pied ; si c'est le long d'une muraille qu'on plante, il faut que le pied de l'arbre en soit éloigné de quatre à cinq pouces au moins, et que les meilleures racines soient tournés du côté de la terre et non devant; si ce sont des arbres de tige, on doit à proportion observer le même ordre les tenant un peu penchés. A l'égard des contre-espaliers ou buissons, on les plante droit, en prenant garde d'enterrer la greffe, crainte qu'elle ne prenne racine, parce que cela rendroit l'arbre infructueux, et feroit infailliblement avorter toutes les branches, tant à fruits qu'à bois, sans espérance de voir aucuns fruits sur l'arbre.

Il faut de plus observer, lors de la plantation des arbres, de tourner toujours le devant de la greffe ou de l'écusson du côté du midi, afin que l'ardeur du soleil ne puisse altérer ou dessécher le pied en s'insinuant par la fente de la greffe ou par la taille au dessus de l'écusson.

Les arbres se plantent ordinairement en ligne droite, à la distance de douze à quinze pieds les uns des autres, et dans l'intervalle, on peut y placer des groseilliers de toute espèce ou des pommiers nains, ce qui produit un effet agréable jusqu'au temps que les arbres se joignent les uns aux autres.

Manière de transplanter les gros arbres.

On peut entreprendre de transplanter un arbre âgé, sans craindre de le faire mourir, en observant de ne point forcer, offenser ou blesser les racines en les déplantant, parce que la moindre faute qu'on pourroit y faire, mettroit l'arbre en danger de périr.

Pour prévenir tout accident, on fait un cercle dont la circonférence est à peu près proportionnée de toutes parts à la longueur des racines de l'arbre; on en retire la terre bien doucement jusqu'à ce que toutes les racines paroissent.

On les déplante avec toute l'adresse possible, et avant de le mettre en terre, il faut rafraîchir ses branches et racines, et prendre les mêmes mesures pour le planter, qu'on a prises pour le déplanter. Le trou pour le recevoir aura été fait conformément à l'étendue de ses racines.

Après les observations faites, on choisit de la terre fine pour la jeter et répandre dessus les racines, de façon qu'il ne s'y trouve aucun vide. Lorsque les racines sont couvertes d'environ deux à trois pouces de terre, il faut jeter dessus quelques arrosoirs d'eau, pour obliger la terre à s'introduire autour des racines, et pour lui faire reprendre une nouvelle vigueur au printemps suivant. L'arrosement achevé, il faut continuer de mettre des terres jusqu'à ce que les racines soient couvertes de quatre à six pouces; on ne doit point espérer de voir pousser l'arbre avec autant de force et de vigueur, que s'il n'eût pas été déplanté, il suffit que dans la première année il donne des signes de végétation pour espérer l'année suivante qu'il soit entièrement repris.

L'arbre étant planté, il ne faut point négliger de l'arroser dans les grandes sécheresses, mais autant que la nature du terrain où il est planté le demande; on doit savoir, au reste, qu'une terre légère exige d'être plus souvent humectée qu'une autre naturellement humide.

Manière de gouverner les arbres nouvellement plantés.

Les arbres, nouvellement plantés, veulent de petits labours et des arrosemens de temps en temps; il faut ne rien semer ou planter autour qu'à la distance de trois pieds.

Ces jeunes arbres n'étant pas bien avant en terre, et leurs racines commençant seulement à s'étendre sous la superficie de la terre, il faut les préserver des grandes sécheresses et de l'ardeur du soleil, par le secours de grands fumiers de deux à trois pouces d'épaisseur, qu'il faut répandre sur la superficie des trous : ce même fumier conserve le suc de la terre, que l'ardeur du soleil enleveroit ; d'ailleurs le peu de sel qui se trouve dans ce fumier, venant à se dissoudre par les pluies et les arrosemens, hâte la reprise des arbres, et les tient dans une humidité tempérée.

Situation d'un verger et de la culture des arbres à plein-vent.

Il faut choisir, autant que faire se peut, un endroit propre à l'emplacement d'un verger, où l'on veut placer des arbres à plein-vent, dont on tire une abondance de fruits plus considérable, et supérieurs à ceux des arbres nains.

On doit savoir que les arbres à plein-vent s'élèvent de leurs pieds, et doivent avoir cinq ou six pieds de hauteur. Il faut les choisir bien droits, avec une écorce unie et luisante, propres à planter deux ans après avoir été greffés.

Il faut que le terrain destiné aux arbres à plein-vent soit bon, et rempli d'une substance convenable à leur nourriture; ils se plantent dans les vergers en ligne droite et dans des trous carrés, profonds de deux pieds sur trois de large. Quant à la distance les uns des autres, la nature du terrain, et son étendue plus ou moins grande doit en décider; on les place de douze à quinze pieds les uns des autres.

Avant de planter les arbres, il faut rafraîchir une partie de leurs racines et retrancher l'extrémité des branches, n'en laissant qu'autant que l'arbre peut en nourrir : ce retranchement se fait sur celles qui font confusion, et on raccourcit les plus fortes à un pied plus ou moins, ensuite on les plante selon les règles, et de temps en temps on leur donne des arrosemens au défaut de pluie.

Les grandes sécheresses altérant l'écorce des arbres nouvellement plantés, on doit prévenir ce défaut par le secours de paille ou de foin que l'on tord en façon de corde, dont on entoure le corps de l'arbre, depuis la tête jusqu'au pied; ce qui le conserve, le garantit de l'ardeur de soleil, et en même-temps de la mousse.

Le corps de l'arbre ainsi ajusté , on plante un tuteur au pied, à peu près de la hauteur de l'arbre, pour le mettre à l'abri des sécousses des grands vents ; il faut que le tuteur soit bien droit, uni et enterré de manière à resister au vent, on le lie ensuite contre l'arbre , insérant entre deux un bouchon de paille, afin que dans l'agitation des vents, l'arbre ne soit point offensé.

Pour avoir de beaux arbres à plein-vent, il faut leur faire acquérir de belles têtes, en retranchant toutes les branches venues dans des situations contraires à leur figure, parce que le trop de branches sur la tête d'un arbre fait une confusion absolument nuisible ; on évite aussi par ce moyen que le fruit ne devienne insipide ; il acquiert plus de goût, de coloris et de qualité, que lorsqu'il est masqué par des amas confus de branches qui l'empêchent de jouir des ardeurs du soleil , et de parvenir au degré de bonté qu'il doit avoir ; il faut aussi bien évider l'intérieur de l'arbre.

Sur la taille des arbres, et du temps auquel on doit la faire.

Rien de plus important et de plus intéressant que la taille des arbres. C'est d'elle que dépend l'ornement et l'utilité d'un jardin : il y a peu de règles et de principes à donner sur cette matière, l'explication ne peut consister dans des règles particulières ou certaines, puisqu'elle change selon le terrain, le génie et la nature de chaque arbre, ensorte que le cultivateur doit travailler suivant la pratique et l'expérience qui lui fait faire des découvertes. On peut donc avancer en général, que la taille des arbres dépend absolument de la prudence et du génie du jardinier ; l'usage, bien plus que les règles, lui fera discerner les bonnes branches qu'il doit laisser, et les mauvaises à retrancher.

Plusieurs objets engagent à la taille des arbres : 1°. Pour les dresser et leur rendre une figure agréable. 2°. Pour les faire fructifier. 3°. Pour l'utilité et le profit qu'on en retire. 4°. Enfin pour les conserver plus long-temps. Le succès de la taille consiste à retrancher à propos d'un arbre les branches inutiles, celles usées par l'abondance des fruits qu'elles ont porté, à raccourcir celles qui sont trop allongées, ou celles auxquelles on ne remarque aucune bonne qualité.

A l'égard des branches à conserver, il convient de les tailler à une longueur proportionnée à la force et à la vigueur de l'arbre, ensorte qu'il faut que chaque branche taillée produise à son extrémité d'autres branches pour la figure et pour le fruit.

La taille des arbres doit se faire aussitôt que les feuilles sont tombées : on peut alors hardiment tailler les poiriers, pommiers et pruniers : la plupart des jardiniers, qui ont encore dans ce temps d'autres ouvrages plus pressans, diffèrent mal à propos ce travail jusqu'aux mois de février ou mars : si cependant on a des arbres foibles ou languissans, il est à propos de les tailler dans le courant de novembre et décembre ; quoique la sève paroisse alors être dans un profond assoupissement, elle n'est pas moins dans l'agitation, et uniquement occupée à nourrir le bois qui reste. Ces arbres qui paroissent dans l'inaction pendant le cours de l'hiver, et ne donnant aucun signe de vie, ne tirent pas moins leur nourriture du suc de la terre.

La taille des arbres doit être regardée comme un remède, sur-tout à l'égard de ceux qui languissent; tailler un arbre, c'est se servir des règles et des principes pratiqués pour lui apporter du remède, s'il est malade, pour le ranimer; lui donner plus de vigueur, le rendre d'une figure agréable, ménager même la forme qu'on veut qu'il prenne, le faire durer plus long-temps, enfin le rendre fertile en bons et beaux fruits.

En laissant à un arbre ses branches superflues, elles épuiseroient infailliblement toute sa force, et il en dureroit moins; un arbre taillé régulièrement tous les ans, produit toujours plus, et de plus beaux fruits; la raison en est que la sève n'occupant plus ses branches inutiles et retranchées, le fruit profite davantage, il devient plus gros et plus beau, parce qu'il est mieux nourri.

Avant de commencer à tailler un arbre, on en examine la force, la vigueur, et l'effet de la taille précédente, afin d'en corriger les défauts; on observe qu'il y a des arbres qu'on doit tailler différemment les uns des autres. Un arbre vigoureux se taille tout autrement qu'un foible et languissant.

Quand un arbre est vigoureux d'un côté, et foible, languissant et mal garni de l'autre, ce qui s'appelle *épaulé*, il faut tailler long du côté vigoureux, et rabaisser le foible, alors la sève se produit du côté le plus foible avec plus de force.

Lorsqu'on veut tailler un arbre, on doit connoître la différence du bon bois d'avec le mauvais, cette science fait un point essentiel du talent du jardinier. On distingue cinq sortes de branches sur les arbres fruitiers. 1°. Branches à bois. 2°. Branches à fruits. 3°. Branches gourmandes. 4°. Branches de faux bois. 5°. Branches chiffonnes.

Des branches à bois.

Les branches à bois sont celles dont on se sert pour donner la forme et la figure à un arbre en espalier; telles branches ont les yeux gros, près les uns des autres; on les taille avec attention, selon la force et la vigueur de l'arbre, depuis trois jusqu'à six pouces de longueur s'il le faut.

On appelle *yeux*, en terme de jardinage , de petits nœuds pointus qu'on voit dessus , et tout le long des jeunes branches ; ces yeux renferment les feuilles et les branches qui en doivent sortir au printemps.

Si on a égard à ces branches pour la figure qu'on veut donner à un arbre , on doit aussi considérer si celles dont on espère quelque chose dans la suite , sont placées avantageusement ; on laisse ces branches plus ou moins longues , autant que l'arbre le demande ; mais quand elles naissent dans une place qui fait confusion et qui choque la vue , on doit les retrancher près de leur origine ; quant à celles sur le devant , ou qui proviennent sur le derrière d'un arbre , il faut les retrancher pour éviter la confusion , comme on l'a dit , pour qu'elles jetent deux courtes branches à fruits. Il faut , autant qu'il se peut , éviter les vides , et pour les prévenir à la taille d'un arbre en espalier , faire toujours attention que le dernier des yeux sur lesquels on taille regarde le vide , afin de le remplir.

Des branches à fruits.

La culture et la taille des arbres se faisant en vue d'avoir de beaux et bons fruits, on doit savoir que toutes les branches à fruits, qui se trouvent dessus un arbre, sont plus courtes et moins grosses que celles à bois, qu'elles ont les yeux gros et très-près les uns des autres, qu'il convient de les laisser toutes entières, pourvu qu'elles soient venues dans une bonne situation, observant de raccourcir l'extrémité de celles qui semblent être trop fortes et trop longues pour porter leurs fruits.

Il y a encore d'autres branches de médiocre grosseur, courtes, qu'on appelle branches d'espérance ; comme elles renferment en elles de grands avantages, il faut les traiter de même que les branches à fruits, puisqu'elles marquent une fécondité future.

Des branches gourmandes.

On voit, sur certains arbres, croître des branches avec force et vigueur qui forment de longs jets, droits et gros ; ces jets ont toujours l'écorce unie et luisante depuis le bas jusqu'en haut ; les yeux sont plats et fort éloignés les uns des autres ; ces branches se nomment gourmandes, elles épuiseroient l'arbre, si l'on n'avoit soin de les couper ; il faut les retrancher dans quelqu'endroit qu'elles puissent être, à moins qu'on ne les laisse exprès pour épuiser une partie de la force d'un arbre qui s'emporte, mais il faut les rabattre après que sa fougue sera passée.

Lorsqu'on taille un arbre de cette espèce, on doit examiner si ses branches gourmandes ne sont point propres à remplir quelques vides, ou à donner à l'arbre une nouvelle figure : en ce cas on doit les laisser et leur donner, s'il le faut, une taille de huit ou dix pouces de longueur, quand le suc nourricier agira, il se portera dans toutes les parties disposées à produire de quoi remplir les vides. S'il arrive que ces mêmes branches gourmandes en produisent d'autres avec la même force, et qu'elles aient aussi des dispositions à devenir de même nature, il faut les pincer à leurs extrémités de temps à autre au commencement de mai et juin ; ce pincement fait à propos en retarde la sève, et l'oblige à se porter dans les plus foibles parties de l'arbre.

Des branches de faux bois et des branches chiffonnes.

Les branches de faux bois naissent ordinairement dessus les bonnes branches à bois, elles sont plus grosses et plus longues que celles immédiatement au dessous; telles branches ont les yeux plats, éloignés les uns des autres, à peine sont-ils formés qu'ils ne promettent rien pour l'avenir; il faut absolument retrancher toutes ces branches, à moins qu'elles ne soient nécessaires pour remplir aussi quelques vides, et qu'elles soient placées avantageusement.

Les branches chiffonnes viennent d'assez bonne longueur, mais très-ménues, fines et délicates; elles naissent en grand nombre et en confusion, ensorte qu'elles ne sont ni propres à devenir branches à bois, ni à donner fruits, ni enfin à produire la moindre chose avantageuse, il faut donc les couper toutes sans exception.

De la manière de traiter les arbres languissans.

La langueur des arbres provient communément de ce qu'ils sont plantés dans un fonds de terre contraire à leur tempérament, et que le fonds est trop sec ou trop humide; lorsque cela est ainsi, il faut déchausser l'arbre, aller aux racines, les visiter et voir s'il n'y

en a point de pourries ou gâtées, en ce
cas on doit les couper jusqu'au vif. Si
au contraire on ne voit ni pourriture ni
altération, cette langueur peut prove-
nir d'une terre épuisée de substance,
qui manque de force et de nourriture,
alors il faut la changer et en préparer
d'autre, mélangée avec du fumier bien
pourri, et épancher ce fumier mêlé sur
les racines. Cet expédient peut rétablir
un arbre, pour peu qu'il ait de force,
quelque vieux qu'il soit; on le rabaisse
ensuite en taillant dessus le vieux bois,
afin de lui faire pousser des branches
nouvelles.

Si on ne peut réussir à donner de la
santé à l'arbre, il faut l'arracher et en
planter un autre à sa place.

*Manière de traiter les arbres qui pro-
duisent trop de bois, et point de
fruits.*

Beaucoup d'arbres s'emportent en
bois sans donner un seul fruit : il faut
y remédier par le secours d'une taille
de douze à quinze pouces de longueur
sur les branches venues l'année précédente, c'est le meilleur parti à prendre
pour occuper cette abondance de sève,
empêcher qu'un arbre ne s'emporte en

bois, et pour l'obliger de se porter à
fruit.

Malgré toutes les mesures que l'on
puisse prendre pour épuiser cette sève,
il se trouve encore quelques-uns de
ces arbres si vigoureux, qu'on ne peut
réduire par le secours de la taille : il
faut pour lors retrancher quelques-unes
des racines les plus fortes, et sur-tout
celles qui fournissent le plus de sève,
autant que la prudence le permet ;
mais avant d'opérer, on doit examiner
l'arbre, voir si le bois est bon, l'écorce
unie, verte et luisante : lorsque toutes
ces qualités se trouvent, on peut, sans
crainte, risquer l'opération, ce remède est infaillible pour toutes espèces
d'arbres, qui, dans la suite produisent
comme les autres.

Manière et temps de tailler les pêchers.

Pour réussir dans cette taille, il faut
savoir que les pêchers ne portent de
fruits que sur le nouveau bois : ce nouveau bois doit toujours être bien nourri,
garni de boutons à fruits, qui pour l'ordinaire, sont doublés et même triplés ;
ce sont les vraies branches sur lesquelles
le fruit réussit toujours, à moins qu'il
n'arrive

n'arrive des temps contraires pendant celui de la floraison.

Quant aux branches à bois, on y voit des yeux posés de distance en distance pour en produire d'autres à bois également ; ces branches doivent être taillées depuis le quatrième jusqu'au sixième œil et plus, selon la force et la vigueur de l'arbre, pour le faire monter plus promptement et produire d'autres branches, tant à bois qu'à fruits, pour l'année suivante, ce qui aide aussi à fortifier l'arbre.

Pour les pêchers qui s'emportent en bois, on leur donne une taille plus longue, afin d'en occuper et modérer la vigueur, et les disposer ainsi à se mettre à fruit ; quant à ceux qui ne poussent qu'avec modération, on les taille à proportion de la force de l'arbre, et sur-tout le bas et le milieu, qui doivent nécessairement être taillés court, afin d'y trouver des ressources propres et utiles à garnir tous les côtés.

Le fondement d'un jeune arbre ne doit rouler que sur trois ou quatre branches égales en force et en vigueur : elles doivent être dans la suite les nourricières de toutes les autres. Il faut veiller avec attention sur ces branches, les conduire et les espacer selon la force de l'arbre.

La disposition du pêcher est toujours de s'élever, il faut par conséquent veiller à tenir le bas des arbres bien garni, afin de trouver de quoi remplacer les hautes branches, si elles venoient à manquer.

Les pêchers nains ne peuvent se conserver long-temps qu'en les bornant à sept ou huit pieds de hauteur tout au plus, parce qu'ils ont le défaut de se dégarnir, à moins que ces pêchers ne soient greffés sur amandiers, ce qui les fait durer plus long-temps que sur pruniers, le fruit en devient plus beau, mieux nourri et de meilleure qualité; l'arbre garnit davantage, parce qu'il a plus de vigueur.

Il est même à propos de planter des amandes nouvelles vers la fin de novembre, dans des pots ou des caisses remplis de terreau, pour les faire germer et pousser un peu pendant l'hiver; au mois d'avril on prend ces jeunes amandiers pour les planter dans des petites fosses remplies de terreau le long des murailles, à la distance de dix pieds les uns des autres, on les écussonne en place à œil dormant l'année suivante dans le mois d'août.

Le pêcher greffé sur amandier veut être planté dans un terrain léger, parce qu'un fonds naturellement humide lui feroit produire du bois avec trop de vigueur, et que la gomme le gagneroit de tout côté.

Le temps de la taille du pêcher est au commencement d'avril; il est aisé de discerner les branches pour ménager, retrancher et conserver celles qui conviennent.

Il ne faut conserver des boutons à fruits que ceux doublés, accompagnés d'un œil à bois dans le milieu; de ceux qui se trouvent seuls, quoiqu'accompagnés d'un œil à bois, le bouton fleurit, mais il ne noue point. Il ne faut jamais non plus se laisser tenter par une trop longue taille pour avoir plus de fruits, cela ne produit que de la confusion, et la ruine de l'arbre.

Lorsqu'un pêcher est chargé de branches à fruits, et qu'il y en a très-peu à bois, les dernières doivent être taillées court, afin de voir l'arbre rétabli l'année suivante, parce que la grande quantité de branches qu'il peut produire ne sauroit nuire. Il ne faut garder précisément dans la taille que les meilleures et les mieux nourries.

Si par hasard il venoit à sortir du pied d'un vieil arbre quelques branches vigoureuses, sur lesquelles on puisse établir une taille capable de le renouveler, on doit les traiter dans cette vue, les conserver comme des branches propres à remplacer les vieilles qu'on détruit peu à peu par la suite.

Il se trouve encore sur les pêchers nombre de branches assez longues, remplies seulement de boutons à fruits, et qui n'ont à leur extrémité qu'un œil à bois, il faut les retrancher à leur origine, et faire ensorte d'en substituer à la place une autre à bois pour remplir le vide.

C'est toujours l'état de l'arbre qui doit régler la taille des pêchers, soit jeunes, vieux, languissans ou vigoureux; les branches de l'année précédente indiquent le travail à faire; et il faut toujours traiter l'arbre selon sa force et ses besoins.

Lorsque l'on taille un pêcher, il faut bien prendre garde que les branches ne touchent aux clous lorsqu'on les attache, parce que ce sont presqu'autant de branches sur lesquelles la gomme et le chancre se jettent, et les font périr.

La gomme est une des premières maladies qui survient aux pêchers; dès que l'on s'aperçoit que quelques branches en sont atteintes, il faut aussitôt les tailler à un pouce au dessous de la plaie, afin d'empêcher la communication.

La seconde maladie qui arrive aux pêchers, est l'effet d'un mauvais air, qui fait recoquiller les feuilles, les rend épaisses et rouges, en forme de cloches, et pour ainsi dire, galleuses, désagréables à la vue, et pernicieuses puisqu'elles absorbent la plus grande partie de la sève. Lorsqu'on a des arbres atteints de cette infection, il faut ôter les feuilles remplies de pucerons, qui sont éparses sur l'arbre, et couper les branches totalement gâtées au dessous du mal; au moyen de cette taille, et de l'agitation de la sève, il renaît de nouvelles branches également bonnes pour l'année suivante.

La troisième maladie des pêchers, est lorsque les feuilles deviennent noires, gluantes, remplies d'une espèce de suie, qui se communique d'abord par un brouillard mal-sain, joint à un

coup de soleil qui rend les branches
du pêcher ridées et sans sève ; ce qui
amène ensuite les punaises qui ne se
nourrissent uniquement que de la sève
des branches.

Cette maladie arrive ordinairement
aux vieux arbres, dont la plupart sont
chancrés ou sont presque sans force.
Le remède est de le rabaisser le plus
bas qu'il se peut, si l'on y découvre
quelques dispositions à le rétablir ; on
doit ensuite laver la muraille teinte de
cette espèce de suie noire, ou pour
mieux faire il ne faut pas hésiter de
remplacer l'arbre par un autre.

De l'abricotier.

L'abricotier se gouverne et se taille
de même que le pêcher, sans autre observation, étant, pour ainsi dire, de
même espèce, dont la sève travaille
également, avec cette différence cependant, qu'on peut étêter un abricotier, et non pas un pêcher, c'est-à-dire
qu'on peut retrancher et abattre toutes
les fortes branches lorsqu'on les voit
trop allongées, usées ou mal conduites,
et s'attendre que l'arbre produira autant et plus de bois qu'il n'en faut pour
le rétablir s'il a encore de la vigueur.

L'abricotier se multiplie par le moyen de l'écusson à œil dormant ; on fait cette opération vers la fin de juin, sur toute espèce de sujets à noyaux, et vers la fin de l'année suivante il est propre à planter.

L'abricotier se plante aussi à plein-vent, s'il ne survient pas des temps contraires pendant le temps qu'il est en fleur, le fruit en est admirable, surtout lorsque le soleil le frappe de tous les côtés, il a toutes les qualités et l'emporte pour le suc et la délicatesse du goût bien au dessus de ceux en espalier.

L'abricotier est estimé pour son fruit, mais pendant beaucoup d'années on en est privé souvent, malgré tous les soins possibles.

Des pruniers et des cerisiers.

Les pruniers et cerisiers, quant à la taille, se cultivent et se gouvernent les uns comme les autres ; ce sont deux espèces d'arbres dans lesquels la sève agit également ; cette taille doit se faire longue pour qu'elle ne produise pas trop de bois et plus de fruits ; s'ils sont en espalier le long d'une muraille, on se contente d'ôter seulement à son origine le bois superflu. Il faut retrancher les branches mal situées sur le derrière et sur le devant, ménager et attacher celles bien placées pour la figure de l'arbre, et laisser aller en liberté pour le fruit celles qui ne choquent point la vue.

Lorsqu'on a un jardin spacieux, et que l'on veut avoir des prunes et des cerises en abondance, il ne faut point les planter en espalier : ceux de tige à plein-vent produisent toujours beaucoup plus de fruits, lorsqu'ils sont plantés dans un terrain bon, rempli de substance, ni trop humide, ni trop léger, les laissant aller à leur gré et se contentant seulement d'ôter le bois mort.

A l'égard des pruniers de tige à plein-vent, il faut les greffer en fente sur sauvageons à noyaux, et les cerisiers sur merisiers.

De la vigne.

De tous les sujets soumis à l'opération de la taille, il n'en est point d'une nécessité plus indispensable que la vigne pour procurer au raisin la qualité qu'il doit avoir ; d'ailleurs la vigne, faute d'être taillée, périroit infailliblement ; la preuve en est fondée sur l'expérience.

Si l'on néglige de tailler une vigne, on s'apercevra dans peu d'un dépérissement considérable, non pas à l'égard du pied qui travaille toujours à son ordinaire, mais à l'égard de ses productions; c'est-à-dire que le raisin ne sera pas si bien nourri, ni si parfait, que celui d'une vigne taillée régulièrement tous les ans.

La plupart des jardiniers diffèrent mal à propos jusqu'au mois de mars la taille de la vigne; il faut, pour avoir du raisin plus beau, plus parfait, et en plus grande abondance, la tailler dans le courant de décembre; l'expérience en est faite.

Pour réussir dans la taille de la vigne, il faut en examiner la force, l'étendue et la hauteur, afin de la tailler plus ou moins longue ou courte; on commence à ôter non seulement tout le bois mort, mais encore celui qui est superflu et capable d'épuiser une partie de la sève : il faut toujours choisir et conserver les branches les mieux nourries, et celles dont les yeux sont rapprochés; elles doivent être taillées à trois, quatre ou cinq yeux; on peut leur donner même encore plus de longueur, lorsqu'il s'agit de garnir quel-

ques endroits plus éloignés , pour la
faire monter plus vite. La branche plus
basse doit être taillée au second œil,
que l'on nomme courson , pour produire deux autres branches propres à
remplacer par la suite celle qu'on a
taillée à quatre ou cinq yeux ; cette observation se fait lorsqu'il manque des
places , et qu'on ne veut point la faire
monter plus haut.

La taille bien entendue de la vigne
est donc ce qui contribue le plus à sa
production et à sa perfection ; sans elle
très-peu de fruit. Enfin la vigne , sans
la taille , avorte, et s'élance trop.

De la manière d'ébourgeonner et de palisser la vigne.

L'ébourgeonnement de la vigne est
un retranchement des jeunes branches
produites sur les ceps qui y sont inutiles et mal placés.

On doit ébourgeonner et palisser la
vigne ordinairement vers la St.-Jean ;
si on y manque , le raisin ne sauroit
acquérir la qualité qu'il doit avoir , et
parviendra avec peine à maturité. L'ordre à tenir pour bien palisser la vigne,
est d'avoir attention qu'elle frappe
agréablement la vue ; on y parviendra

en attachant ces bourgeons contre la muraille, et les étendant bien en égale distance; alors ces vignes forment une tapisserie de verdure charmante, lorsqu'elles garnissent et couvrent de toutes parts sans laisser de vide.

De la manière d'ébourgeonner et de palisser les arbres à noyaux, et ceux à pepins.

Il ne suffit point de bien tailler les arbres, il faut encore savoir les ébourgeonner et les palisser; c'est-à-dire les conduire et les arranger d'une manière agréable à la vue.

La première attention, en dressant les arbres est de les étendre en forme d'éventail ouvert, et qu'on n'y aperçoive aucune place dégarnie.

La seconde, est qu'en attachant les branches contre les treillages ou la muraille, d'observer qu'elles soient séparées les unes des autres d'une distance égale.

La troisième, est d'attacher les premières branches basses aux treillages ou à la muraille, à six ou huit pouces de terre en continuant d'un côté de branches en branches jusqu'au haut; ayant alors rangé ainsi la moitié de l'arbre, on descend de l'autre côté, gardant le même ordre tenu à l'égard des branches attachées; par ce moyen les arbres sont étendus proprement et forment un beau tapis de verdure.

Cette opération se fait à la fin de juin, sur les arbres à noyaux; à l'égard de ceux à pepins, on doit la différer vers la fin de juillet; si on la faisoit de meilleure heure, il seroit à craindre que la plupart des mères à fruits n'avortassent, et que la sève n'agisse trop, ensorte que de mères à fruits qu'elles sont, elles se convertiroient en branches de faux bois.

Avec la serpette on décharge et on retranche les branches superflues, inutiles, mal placées et celles qui font confusion, afin que les branches restantes, tant à bois qu'à fruits, se fortifient.

Il faut retrancher encore les branches qui ont pris naissance sur le devant et sur le derrière des arbres, elles préjudicient à la forme et à la fécondité; si cependant il se trouvoit quelque vide dans un arbre, il faut, pour peu que ces branches soient bien situées, en faire usage pour le remplir. On voit quelquefois sur une même branche à bois sortir du même œil
deux

deux ou trois branches, alors il faut choisir celles qui conviennent le mieux pour la forme de l'arbre et retrancher les autres.

La profusion du bois venant ordinairement sur les bonnes branches, il faut décharger les arbres du superflu, afin que les branches nouvelles puissent profiter de toute la substance produite par les racines.

C'est un grand défaut de croiser les branches sur un arbre, on peut cependant le faire à l'égard des pêchers, lorsqu'ils ne garnissent pas assez ; on laisse ces branches, quand il s'agit de remplir un vide, et de donner à l'arbre la forme qu'il doit avoir.

Manière d'avoir de beaux fruits.

Lorsque les fruits viennent sur les arbres en trop grand nombre, ils se nuisent les uns aux autres, et cette confusion est cause qu'ils ne sont souvent ni beaux ni bons, ils se gênent mutuellement, sur-tout les abricots et les pêches, qui se dérobent l'un à l'autre le suc de l'arbre et les influences du soleil qui les perfectionne pour le goût et pour la beauté. Il faut donc les éclaircir; la prudence doit décider du choix et de la quantité à abattre : on peut confire les fruits qu'on détachera.

C'est ordinairement vers le commencement de juin que l'on peut éclaircir les fruits à noyaux, et en juillet ceux à pepins, soit d'automne ou d'hiver : tous fruits trop petits, ou de figure irrégulière, doivent être abattus ; étant ainsi éclaircis, ils sont dans le cas d'acquérir plus facilement leur perfection.

Les fruits exigent encore d'autres soins pour être parfaits ; vers la fin d'août, il faut les découvrir de leur ombre, en coupant adroitement avec des ciseaux la plupart des feuilles qui les offusquent. Cette opération se fait autour des fruits avec prudence et modération, parce qu'en cela le but n'est que de placer et laisser le fruit dans un état disposé à recevoir et à profiter des pluies, des rosées et des rayons du soleil, trois objets qui coopèrent le plus à leur perfection.

De la bonté des fruits.

Tout fruit naturellement bon en lui-même n'a jamais été contraire à la santé, quand il est parvenu à maturité. La différence des fruits se connoît à leur figure ; les uns sont longs, d'au-

tres ronds, aplatis, quelques-uns py-
ramidaux, d'autres ovales. Ils se dis-
tinguent aussi par leurs différentes
couleurs; les uns sont rouges en dehors, d'autres blancs, jaunes, verts ou
violets; mais le dedans qui fait à proprement parler la chair, a la couleur
et le goût différens, et n'ont de rapport
qu'à certains égards; on connoît le
fruit au toucher; l'un est fondant,
l'autre cassant, doux, musqué, ayant
de l'odeur, âcre, insipide ou rempli
d'amertume, selon la nature de l'arbre
et le terrain qui les produit.

Une pêche, un abricot, poire ou
pomme, passeront toujours pour parfaits, lorsque, par un rare assemblage,
on trouve joint à leur figure et coloris,
une chair tendre, délicate, fondante,
beurrée, cassante, musquée; une eau
douce, sucrée, succulente, et dans
quelques-uns parfumée. Enfin dans
toutes espèces de fruits, la qualité est
préférable à la quantité.

Des meilleures espèces d'arbres fruitiers à cultiver.

De l'abricotier.

Abricot blanc. Fruit petit ; mûr au commencement de juillet.

— commun. Gros ; mûr à la mi-juillet.

— Angoumois. Petit, allongé; mûr à la mi-juillet. Cet abricot est remarquable par son noyau, à chaque extrémité duquel se trouve un trou par lequel on peut faire passer un crin d'un bout à l'autre.

— de Hollande, ou amande-aveline; mûr à la fin de juillet.

— de Provence ; mûr à la fin de juillet.

— Alberge. Fruit abondant ,. en plein-vent ; mûr en juillet.

— de Nancy. Abricot-pêche, très-gros , fruit excellent, plus gros que les autres : mûr à la mi-août. On cultive cet abricotier par préférence aux autres espèces; mais malheureusement ses branches périssent annuellement, il est fort sujet à la gomme et au chancre.

Quoique l'abricotier réussisse dans toutes sortes de terrains, les terres chaudes et sablonneuses lui conviennent mieux. On greffe ordinairement cet arbre en écusson, à œil dormant, sur le prunier. Le *Nancy*, l'*Angoumois* et l'*Alberge* se greffent sur l'amandier, et même sur le pêcher ; mais la greffe est sujette à s'en décoler. Le premier peut n'être pas greffé.

Les meilleures espèces à cultiver sont l'abricotier commun, l'Angoumois, l'Alberge, l'abricot pêche ou de Nancy.

Le fruit de l'abricotier est cordial, pectoral, humectant, et rétablit les forces.

De l'amandier.

Amandier commun, coque dure.
— des dames, coque tendre.
— à gros fruit, coque dure.
— à fruit vert.
Les bonnes variétés de l'amandier se multiplient par la greffe en écusson sur d'autres amandiers. Toutes ces espèces ont l'amande douce, aiment les terrains chauds, légers et profonds. Il ne réussit point dans les terres froides, son fruit y mûrit difficilement.

L'amande est pectorale, adoucissante ;

on l'emploie dans beaucoup de maladies.

Du cerisier.

Cerisier, fruit en cœur ou rond; chair ferme ou tendre, eau sucrée ou acide.

Merisier, bel arbre qui croît sans culture, et qui produit des merises, avec lesquelles se fait le kirschen-wasser.

Griottier précoce nain, se greffe sur le cerisier commun ou de Sainte-Lucie. Ses fruits petits et sans goût n'ont que l'avantage d'être mûrs à la mi-mai.

— royal hâtif, mûr vers la fin de mai.

— à bouquets, plus singulier par ses fleurs dont le plus grand nombre avorte, que beau par ses fruits mûrs en juin.

— de Montmorency, à gros fruit: gros gobet; gobet à la courte queue. Son fruit très-beau et très-bon mûrit vers la mi-juillet.

— de Villènes, bon fruit mûr en juin.

— de Villènes, ambré: fruit peu abondant, excellent, mûr à la mi-juillet.

— royal (Cherry-Duck): fruit très-abondant, qui mûrit au commencement de juillet.

Griottier de Portugal, s'appelle aussi

Royal Archiduc, *Royal de Hollande :*
chair ferme et rouge, mûrit en août.

— d'Allemagne : chair rouge, eau abondante, mais un peu acide, mûr à la mi-juillet.

Bigarreautier à gros fruit blanc, rouge et jaune : fruits en cœur, chair ferme, eau sucrée, mûr en juillet et août.

Guignier : fruits moins fermes, plus succulens et plus rouges que ceux du bigarreautier.

— à fruit noir : mûr en mai et juin.

— à gros fruit noir luisant : la meilleure des guignes, mûre à la fin de juin.

— à gros fruit blanc : mûr à la fin de juin.

Les terres légères et profondes conviennent mieux au cerisier, qui cependant s'accommode de toutes sortes de terrains. Il ne lui faut jamais de fumier ; les gazons pourris et les feuilles d'arbres bien consommées, sont les seuls engrais qui lui conviennent. Lorsqu'on a des cerisiers dont la fleur coule toujours, il faut, lorsqu'il y entre, jeter au pied quelques voies d'eau. On le greffe sur le merisier pour avoir de grands arbres, et sur les sujets de la même classe pour en avoir de moyens, on multiplie ceux à fruit rond par les marcottes et les drageons. En plein-vent, il suffit de retrancher le bois mort au cerisier et les branches gommeuses : et de raccourcir les branches mal placées ou gourmandes et trop fortes à ceux qui sont en espalier.

Les cerises sont cordiales, apéritives, stomacales, rafraîchissantes, tiennent le ventre libre, adoucissent l'âcreté des humeurs.

Du châtaignier.

Il y en a de deux sortes, le sauvage, et celui qui est greffé. Le premier ne porte que des fruits forts petits : s'il se trouve dans des sables un peu frais, il devient plus gros ; pour en obtenir de plus beaux, il faut le greffer sur de bonnes espèces. Ces dernières se nomment *marrons*. On greffe le châtaignier en fente, en écusson, en flûte ou sifflet, au commencement de mai, aussitôt que la sève est montée.

On fait germer les châtaignes dans le sable, comme les amandes ; on les plante au printemps en rayons espacés de deux pieds, et enfoncées en terre de trois pouces ; on peut en mettre deux ensemble à quelque distance, si tous les deux poussent, on arrache le plus foible. On n'étête point le plant de deux ans en le replantant ; quand il a six pouces de tour, on lui coupe la tête en le replantant, mais non pas le pivot, car il reprendroit difficilement. Les terrains sableux et frais, les côtes, et les expositions du nord, sont favorables aux châtaigniers.

La châtaigne et les marrons engraissent, et fournissent une assez bonne nourriture ; mais cet aliment resserre souvent, et cause des vents.

Du cognassier.

Le cognassier du Portugal : c'est le seul qui mérite d'être cultivé à cause de son fruit, qui est beau et gros. On le multiplie de pepins, de marcottes ou de boutures, pour former des sujets sur lesquels on greffe le poirier ; on préfère, pour cela, les sujets venus de pepins, que beaucoup de marchands d'arbres regardent alors comme sujets sur franc.

Les coings sont stomachiques, réfrigératifs, dessicatifs, astringens et nourrissans.

Du coudrier.

Il y a le coudrier sauvage qui croît

dans les forêts, et donne de petites noisettes blanches, le franc à fruit blanc,
à fruit rouge, l'aveline. Toute exposition et tout terrain conviennent à cet arbrisseau, mais il produit davantage dans
les terres maigres, sablonneuses et humides, à l'exposition du nord ou du
couchant et à l'ombre. On multiplie le
coudrier en séparant en novembre les
rejetons qui viennent au pied ; ils reprennent très-facilement. On en conserve toutes les branches qu'on raccourcit à cinq ou six pouces.

Les noisettes les plus grosses et les
meilleures, sont celles qu'on appelle
avelines. Cette amande est nourrissante
et pectorale, mais de difficile digestion.

De l'épine-vinette.

L'épine-vinette se multiplie de graines, rejetons, boutures et marcottes,
et ne veut ni taille, ni culture, ni engrais. Les graines sont deux ans à lever.
Il est préférable de multiplier cet arbrisseau par les rejetons en racines.

Le fruit de l'épine-vinette rafraîchit,
humecte, resserre, ouvre l'appétit, fortifie l'estomac et le foie.

Du figuier.

Le figuier offre plusieurs variétés, qui sont :

La figue *blanche longue*, ou *printannière*, qui donne souvent de nouveaux fruits en automne.

La *blanche ronde* d'automne, aussi bonne que la longue.

La *violette*, ou *angélique*, violette en dehors et rouge en dedans : c'est la meilleure des violettes.

La *ronde* plus petite, qui produit davantage.

Le figuier aime une terre graveleuse, sablonneuse. L'exposition du midi lui est absolument nécessaire ; mais son fruit n'est réellement excellent que dans les climats chauds. Dans les climats tempérés, il faut butter le pied et garnir les branches de paille sèche, pour les garantir de la gelée.

La taille du figuier consiste à retrancher les bois secs et gourmands, et surtout ces petites branches qui prennent naissance au bas des tiges, et rampent sur terre : par ce retranchement, on donne de la force aux autres. On peut multiplier le figuier de semences ou de marcottes qu'on couche au printemps ;

mais il est préférable de le faire de boutures et de pieds enracinés, ou drageons. En automne, on sépare les marcottes et les pieds enracinés, et on les place, après avoir bien remué et ameubli la terre. On couche plutôt le pied qu'on ne l'enfonce. Il en est de même pour les marcottes et les boutures. Il est à propos d'arroser les pieds des figuiers qui sont en pleine terre dans les grandes sécheresses.

Les figues sont chaudes et humides, pectorales et béchiques ; elles sont bonnes contre le sable des reins, de la vessie ; elles résistent au venin ; elles sont spécifiques pour pousser les pustules dehors dans la petite-vérole et la rougeole, les mûrir et les ramollir.

Du framboisier.

Framboisier à fruit rouge, à fruit blanc ; ordinairement plus doux et plus gros.

Framboisier des Alpes à fruit rouge. Le framboisier ne veut aucun engrais, et n'est pas difficile sur le terrain ; il donne deux récoltes, se multiplie par ses drageons, qu'on plante depuis novembre jusqu'en mars. On retranche tous les brins qui ont donné du fruit ;

on

on rabat à quinze ou dix-huit pouces
une partie des jeunes surgeons, et on
laisse les plus forts entiers ou presque entiers ; on laboure le pied de l'arbrisseau.

La framboise fortifie le cœur et l'estomac, purifie le sang, est rafraîchissante, et laisse bon goût dans la bouche.

Du groseillier épineux.

Le groseillier épineux se multiplie
de ses rejetons enracinés, qu'on sépare
de sa souche, qu'il faut planter en novembre et en mars. Il prend telle figure
que l'on veut, soit en buisson, soit à
tête ; cet arbrisseau est de difficile approche à cause de ses épines.

Avant la maturité du fruit, il est rafraîchissant, astringent, et arrête le
crachement de sang, le cour de ventre,
et calme la soif.

Du groseillier à fruit rouge ou blanc.

Ce groseillier se multiplie de même
que le précédent, de ses rejetons enracinés, qu'on sépare de sa souche, et même
de boutures. Sa culture n'a rien de particulier, il se plante en novembre ou
en mars. Il faut avoir soin de l'arroser
pour le faire reprendre, sur-tout dans
les grandes sécheresses ; il prend de

même telle forme que l'on veut, il est
des plus flexibles, et obéit facilement
à la main qui le conduit.

Les groseilles rouges et les perlées
sont rafraîchissantes, astringentes, for-
tifiantes, apéritives ; elles précipitent
la bile, tempèrent les ardeurs du sang,
arrêtent le flux de ventre et le crachement de sang.

Du groseillier noir, ou *cassis.*

Le groseillier noir se multiplie, ainsi
que les précédens, de ses rejetons enracinés, qui se partagent et qu'on éclate
de sa souche. Il peut être conduit suivant l'idée, en buisson ou en figure ar-
rondie ; il s'accommode de telle façon
que l'on veut, et il produit dans toutes
espèces de terrain ; sa culture n'a rien
de particulier, il reprend même de
bouture, pour peu qu'il soit fiché dans
un terrain humide et arrosé dans le
besoin.

Les feuilles pulvérisées ou écrasées
sont souveraines contre les morsures de
toutes espèces de bêtes vénéneuses :
prises en guise de thé, c'est un remède
pour toutes sortes de fièvres, propres
dans l'apoplexie, la léthargie, l'assou-
pissement, le scorbut, la petite-vérole,

l'hydropisie ; elles dissipent la bile et la colique, réjouissent le cœur, emportent la mélancolie, aident à la digestion, fortifient l'estomac, excitent l'appétit, chassent les vents et sont très-bonnes pour la goutte ; une poignée de ses feuilles imbibées dans l'huile d'olive et appliquée sur la partie affligée, la fait transpirer et emporte la douleur.

Les différentes espèces de groseilliers se multiplient de boutures faites en automne ou sur la fin de l'hiver, ou en éclatant les vieux pieds : ils se plaisent à toute exposition et dans tout terrain. On les taille en février.

Du mûrier.

Les variétés ordinaires du mûrier sont le noir, le blanc et celui d'Italie. On multiplie le mûrier de marcottes enracinés, on se les procure avec une mère qui produit des branches en terre, ou en couchant un arbre dont on marcotte les branches.

Du néflier.

Tout terrain convient au néflier, qui se multiplie par la greffe en fente ou en écusson sur l'épine, le néflier des bois, l'azerolier, le cognassier, le poirier : et la culture n'exige pas de grands soins.

Du noyer.

Le noyer commun porte des fruits ronds et nombreux. Il y a une autre variété, dont la noix est longue, à coque tendre et blanche ; il produit moins que le précédent, mais son fruit est de meilleure qualité ; il y a encore le noyer à gros fruit, mais il n'est pas d'un grand rapport.

Le noyer n'est pas difficile sur le terrain, il se multiplie par son fruit. On conserve les noix dans leur *brou*, ou dans du sable, jusqu'au mois de mars, qu'on les plante à trois pouces de profondeur, à huit ou à dix pouces de distance, en rayons éloignés de deux pieds les uns des autres : au bout de trois ans on relève les plants pour leur couper le pivot afin qu'ils puissent jeter de bonnes racines, et qu'ils prennent facilement lorsqu'on voudra les transplanter. On ne coupe point la tête du noyer en le plantant.

Du pêcher.

Les bonnes variétés du pêcher ne se multiplient que par la greffe ou écusson à œil dormant, sur l'amandier, sur le prunier de Saint-Julien, ou sur les abricotiers.

Variétés des meilleurs pêchers.

L'avant-pêche est très-petite et mûrit la première vers la mi-juillet ; elle est sucrée et musquée.

La pêche de Troyes, petite mignonne, de moyenne grosseur, plus ronde que longue, belle en couleur, eau sucrée ; mûre vers la mi-août.

La pêche mignonne, grosse, aussi ronde que longue, belle en couleur, a le goût excellent ; elle est mûre à la mi-septembre.

La pêche pourprée, de bonne grosseur, elle vient d'un rouge pourpré, plus ronde que longue, très-sucrée ; mûre en août.

Le teton de Vénus, pêche assez grosse, plus ronde que longue, l'eau très-sucrée ; est mûre vers la fin de septembre.

La Madeleine rouge, grosse pêche, un peu plus longue que ronde, d'un coloris rouge, très-vineuse, et des plus sucrées ; mûre vers la mi-septembre.

La Madeleine blanche, assez grosse, plus ronde que longue, eau très-sucrée et vineuse ; mûre vers la mi-août.

La nivette, pêche de moyenne grosseur, assez blanche, prenant fort peu de rouge, aussi ronde que longue, très-vineuse et sucrée ; mûre en septembre.

La violette hâtive, pêche de bonne grosseur, chair violette, eau très-sucrée ; mûre en septembre.

L'admirable jaune ou abricotée, une pêche plus ronde que longue ; couleur pourpre noir, chair jaune, ferme et sucrée ; mûre à la fin de septembre.

La pêche royale, grosse, plus longue que ronde, d'un rouge beau et luisant, chair remplie d'une eau très-sucrée ; mûre en septembre.

La pêche admirable, grosse, plus longue que ronde, prenant aisément le rouge lorsqu'elle est frappée du soleil, chair ferme, eau sucrée ; mûre à la fin de septembre.

La violette tardive, pêche-noix, pêche plus ronde que longue, excellente ; mûre vers la mi-octobre.

Le pavie rouge de Pomponne, pêche de bonne grosseur, aussi ronde que longue, couleur rouge ; mûre dans le mois d'octobre.

Le brugnon hâtif, espèce de pêche, aussi rond que long, couleur pourpre noirâtre, chair jaune, remplie d'une eau très-sucrée ; mûr en septembre.

Le brugnon violet tardif, gros et ferme, chair jaune et musquée, excellent ; ordinairement mûr en octobre.

La pêche persique, grosse pêche plus longue que ronde, mûre à la fin de septembre.

La chevreuse, gros fruit allongé, jaune et rouge vif ; mûr à la fin d'août.

La bourdine, grosse, jaune, rouge très foncé, excellente ; mûre à la mi-septembre.

Alberge jaune, fruit assez gros, sucré, vineux ; mûr vers la fin d'août.

La chancellière à grandes fleurs, fruit un peu allongé, sucré, très-bon ; mûr en septembre.

La bellegarde, variété de l'admirable, un peu plus hâtive.

La belle de Vitry, fruit très-beau, sucré, excellent ; mûr vers le mois de septembre.

La première bonne qualité d'une pêche est d'avoir la chair un peu ferme, ce qui paroît lorsqu'on lui ôte la peau qui doit être fine, luisante, jaunâtre, sans aucun endroit de vert, se découvrant aisément, sans quoi elle n'est point mûre.

La seconde, que cette chair fonde dès qu'elle est dans la bouche, parce que ce n'est qu'une espèce de substance consolidée, qui se liquéfie pour peu qu'elle soit pressée par la langue contre le palais.

La troisième, que son eau en fondant se trouve douce, sucrée, d'un goût relevé, vineux, et dans quelques-unes musqué.

La pêche est sans contredit le fruit dont la forme plaît le plus à la vue par son coloris, et qui soit le plus agréable par son goût, l'abondance d'eau sucrée et vineuse qu'elle renferme, et par cette douceur relevée d'un parfum qu'elle exhale dans la bouche.

Pour manger une pêche excellente, il faut qu'elle ait été détachée de l'arbre vingt-quatre heures avant.

La pêche est pectorale, rafraîchissante, cordiale, humectante, lâche le ventre ; les feuilles du pêcher et ses fleurs sont purgatives, apéritives, et tuent les vers.

Du poirier.

On connoît plus de cent espèces ou variétés de poires, dont je ne citerai que les meilleures à manger, crues ou cuites.

Amiré-Joanets, petit fruit jaune citron, tendre; peu de goût; mûr à la fin de juin.

Petit muscat, sept-en-gueule, très-petite poire; fruit rouge-brun, demi-beurré, musqué; mûr à la fin de juin.

Madeleine, citron des carmes, fruit moyen, turbiné, vert clair, fondant, parfumé; mûr en juillet.

Cuisse-Madame, fruit très-allongé, vert et roux, demi-beurré, un peu musqué; mûr à la fin de juillet.

Gros blanquet, fruit petit, blanc et rouge clair, cassant, sucré, relevé; mûr à la fin de juillet.

Blanquet, ou blanquet à longue queue, fruit fort petit, blanc, demi-cassant, sucré, parfumé; mûr à la fin de juillet.

Petit blanquet, poire à perle, petit fruit, jaune très-pâle, demi-cassant, musqué; mûr à la fin de juillet.

Epargne, beau présent, S.-Samson, fruit très-allongé, vert, fondant, peu relevé; mûr à la fin de juillet.

Ognonnet, archiduc d'été, amiré roux, fruit moyen, jaune et rouge vif, demi-cassant, goût relevé; mûr au commencement d'août.

Salviati, fruit moyen, rond, jaune

et rouge clair, demi-beurré, sucré, très-parfumé ; mûr en août.

Orange musqué, orange rouge, fruit moyen, rond, boutonné, jaune et rouge clair, cassant, musqué, mûr en août.

Poire de jardin, gros fruit rond, boutonné, jaune et beau rouge, cassant, sucré, bon en décembre.

Orange d'hiver, fruit moyen, rond, boutonné, vert, cassant, musqué ; mûr en février et mars.

Martin-Sire, gros fruit, vert clair, cassant, doux et sucré ; bon en janvier.

Rousselet d'hiver, petit fruit, vert foncé et rouge-brun, demi-cassant, à cuire.

Rousselet de Rheims, petit rousselet, petit fruit, vert foncé, rouge-brun, demi-beurré, fin, très-parfumé ; mûr à la fin d'août.

Rousselet hâtif, poire de Chypre, petit fruit, jaune et rouge vif, taché de gris, demi-cassant, sucré, très-parfumé ; bon à la mi-juillet.

Gros rousselet, roi d'été, fruit moyen, pyriforme, vert foncé et rouge-brun, demi-cassant, parfumé ; bon en septembre.

Poire sans peau, fruit moyen, vert

et jaune tacheté de rouge, fondant, parfumé; mûr au commencement d'août.

Martin sec, fruit moyen, rouge, cassant, sucré; bon en novembre, décembre et janvier.

Fondante de Brest, fruit moyen, allongé, cassant, sucré, relevé; mûr au commencement de septembre.

Bergamotte d'été, gros fruit, vert-gai et roux, demi-beurré, peu relevé; mûr au commencement de septembre.

Bergamotte d'automne, gros fruit, jaune et rouge-brun, beurré, sucré, doux, parfumé; bon en octobre, novembre et décembre.

Bergamotte Suisse, fruit moyen, rayé de vert, de jaune et de rouge, beurré, sucré; mûr en octobre.

Crassane, bergamotte-crassane, gros fruit, arrondi, gris vert, très-fondant, sucré, relevé, excellent: mûrit en novembre, il se conserve jusqu'en janvier, et quelquefois plus tard.

Bergamotte de Soulers, gros fruit, jaune et rouge-brun, beurré, fondant, sucré; bon en février et mars.

Bergamotte de Pâques, ou d'hiver, fruit plus gros, court, turbiné, gris et roux, demi-beurré, peu relevé; bon à manger en janvier, février et mars.

Messire-Jean, gros fruit, presque
rond, varié de couleur, cassant, sucré, relevé, très-bon; mûr en octobre.

Royale d'été, petit fruit, court,
jaune, demi-cassant, sucré, musqué;
mûr en août.

Franc-Réal, gros fruit, renflé par
le milieu, vert et roux, bon à cuire
en octobre, novembre et décembre.

Epine d'été, fruit moyen, allongé,
vert-pré, fondant, très-musqué; mûr
au commencement de septembre.

Poire-Figue, fruit moyen, très-
allongé, vert-brun, fondant, doux et
sucré; mûr au commencement de septembre.

Epine d'hiver, gros fruit, allongé,
vert-pâle, fondant, doux, excellent;
bon en novembre, décembre et janvier.

Ambrette, fruit moyen, ovale,
blanchâtre, fin, fondant, sucré; bon
en novembre, décembre et janvier.

Echassery, bezy de Chassery, fruit
moyen, fondant, sucré, musqué; mûr
en novembre, décembre et janvier.

Sucré vert, fruit moyen, allongé,
vert, beurré, sucré; bon à la fin d'octobre.

Royale d'hiver, gros fruit, jaune
clair

clair et beau rouge, demi-beurré; mûr
en décembre, janvier et février.

Verte-Longue, mouille-bouche,
gros fruit, allongé, vert, fondant,
doux, sucré; bon au commencement
d'octobre.

Beurré, gros fruit, fondant, très-
beurré, fin, relevé, excellent, varié
de couleur; mûr à la fin de septembre.

Bezy de Chaumontel, beurré doré
d'hiver, gros fruit, varié de forme et de
couleur, demi-beurré, fondant, sucré, relevé; excellent en novembre,
décembre et janvier.

Angleterre, beurré d'Angleterre,
fruit moyen, ovoïde allongé, gris,
demi-beurré, fondant, succulent; mûr
en septembre.

Angleterre d'hiver, fruit moyen,
jaune-citron, très-beurré, doux, un
peu sec; bon en décembre et janvier.

Bellissime d'été, suprême, petit
fruit, beau rouge, et jaune rayé de
rouge clair, demi-beurré; mûr en
juillet.

Doyenné, beurré blanc, St.-Mi-
chel, gros fruit, oblong, jaune, très-
beurré, très-sucré, quelquefois relevé,
excellent; mûr en octobre.

Doyenné gris, fruit moyen, gris,

beurré, fondant, meilleur que le précédent, mûr en novembre.

Bezy de Montigny, fruit moyen, forme du doyenné jaune, très-fondant, musqué ; mûr au commencement d'octobre.

Bon chrétien d'hiver, fruit cassant, jaune, vert, ou coloré selon l'exposition ; il se conserve jusqu'en mai.

Angélique de Bordeaux, gros fruit, presque même forme que le précédent, plus pâle, cassant ou tendre, doux et sucré ; bon en janvier et février.

Bon chrétien d'Espagne, fruit très-gros, jaune et beau rouge, cassant, doux, bon à cuire en novembre et décembre.

Bon chrétien d'été, fruit musqué, moyen, jaune et rouge léger, cassant ; mûr à la fin d'août.

Marquise, gros fruit, allongé, jaune, beurré, fondant, doux, sucré ; bon en novembre et décembre.

Colmart, très-gros fruit, vert et rouge léger, beurré, fondant, sucré, relevé ; excellent en janvier et février.

Virgouleuse, fruit allongé, jaune, tendre, beurré, relevé, excellent ; mûr en novembre, décembre et janvier.

Saint-Germain la Fare, gros fruit,

vert, fondant, succulent, excellent depuis novembre jusqu'en mars.

Catillac, fruit très-gros, jaune et
rouge-brun; âcre, très-bon à cuire:
il se conserve depuis novembre jusqu'à
la fin d'avril.

Bellissime d'hiver, fruit plus gros
que le précédent, presque rond, jaune
et beau rouge, tendre, doux, moël-
leux, bon à cuire seulement, il se
garde de décembre à février.

Poire de livre, gros fruit, vert jaunâtre, pointillé de roux; très-bon cuit
en décembre, janvier et février.

Tonneau, très-gros fruit, jaune et
rouge vif; bon à cuire en février et
mars.

Lansac, dauphiné, fruit petit, jaune,
fondant, sucré, relevé : depuis octobre
jusqu'en janvier.

Les variétés du poirier se multiplient
par les greffes en écusson, en fente, en
couronne, sur le poirier sauvage, sur
le cognassier : on greffe encore sur
franc pour les terrains qui ont de la
profondeur.

Les poires sont rafraîchissantes, humectantes, nourrissantes, elles fortifient l'estomac, appaisent la soif, et
aident à la digestion.

Du pommier.

Parmi les variétés du pommier dont on connoît plus de quarante espèces, je ne citerai que les meilleures, celles destinés à être mangées.

Calville d'été, passe-pomme, petit fruit à côtes, blanc et beau rouge, peu de saveur; mûr au commencement de juillet, bon en compotes.

Calville blanc d'hiver, très-gros fruit, jaune pâle et rouge vif, fin, tendre, léger, relevé; bon de décembre à avril.

Rouge d'hiver, très-gros fruit à côtes, rouge très-foncé, chair presque rose, fine, légère, grenue, vineuse; bon jusqu'à la fin de mars.

Fenouillet gris, petit fruit, tendre, parfumé d'anis; bon de décembre à février.

Fenouillet jaune, drap d'or, fruit moyen, beau jaune et gris, ferme, délicat, doux; fort bon en octobre et novembre.

Fenouillet rouge, fruit moyen, gris foncé et rouge brun, plus ferme, plus sucré, plus relevé que l'anis; bon jusqu'en mars.

Reinette, reinette d'Angleterre,

pomme d'or, petit fruit, ferme, sucré, très-relevé, excellent; bon jusqu'en mars.

Reinette dorée, reinette jaune tardive; fruit moyen, ferme, sucré, relevé, peu acide; bon jusqu'en mars.

Reinette blanche, fruit moyen, très-odorant, agréable; bon jusqu'en mars.

Reinette de Canada, fruit très-gros, bon, peu acide; bon jusqu'en février seulement.

Reinette franche, fruit très-gros, jaune, ferme, sucré, relevé, excellent: il se conserve souvent jusqu'à la nouvelle récolte.

Reinette grise, fruit gros, gris, ferme, sucré, fin, excellent jusqu'en juillet.

Pigeon, petit fruit, fin, délicat, léger, très bon jusqu'en février.

Rambour franc, fruit très-gros, jaune pâle, rayé de rouge, aigrelet; bon à cuire.

Rambour d'hiver, plus acide, bon à cuire jusqu'à la fin de mars.

Api, fruit fort petit, ferme, croquant, frais, peu d'odeur et de saveur, bon jusqu'en avril.

Court-Pendu, petit fruit aigrelet, bon jusqu'à la fin de mars.

Tout terrain et toute exposition conviennent au pommier ; mais il réussit mieux dans les terres grasses, un peu humides : ses racines ne piquent pas ; on multiplie les variétés du pommier par les greffes en écusson, en fente, en couronne sur des sujets de leurs espèces.

Les pommes sont humectantes, pectorales, rafraîchissantes, apéritives, cordiales, lâchent le ventre, dissipent les vents.

Du prunier.

Parmi plus de cinquante espèces ou variétés de prunes, je ne citerai que les meilleures.

De Catalogne, jaune hâtive, petit fruit allongé, jaune, sucré ; mûr au commencement de juillet.

Précoce de Tours, petit, ovale, noir, peu relevé ; mûr à la mi-juillet.

Damas musqué, petit, violet, foncé, ferme, musqué ; mûr à la mi-août.

Damas violet, fruit moyen, violet, ferme, sucré, un peu aigre ; mûr à la fin d'août.

Damas de septembre, petit, oblong, violet foncé, relevé, agréable ; mûr à la fin de septembre.

Monsieur, gros fruit, rond, beau violet, fondant, peu relevé ; mûr à la fin de juillet.

Monsieur hâtif, semblable, violet plus foncé ; mûr à la mi-juillet.

Royale de Tours, fruit gros, violet clair et rouge clair, fin, succulent, sucré ; bon à la fin de juillet.

Perdrigon blanc, fruit petit, fondant, très-sucré, parfumé, excellent à la fin de septembre.

Perdrigon violet, même forme, un peu plus gros, mêmes qualités ; bon en septembre.

Perdrigon rouge, d'un beau rouge, presque violet, bon en septembre.

Reine-Claude, dauphine, abricot vert, verte-bonne, fruit gros, vert tiqueté de gris et de rouge, la plus excellente de toutes les prunes ; bon en août.

Reine-Claude violette, aussi bonne, et peut être plus fine que la précédente, est une variété.

Abricotée, gros fruit lavé de rouge, ferme, musqué, excellent ; mûr au commencement de septembre.

Mirabelle, fruit petit, rond, un peu oblong, jaune ambré, ferme, fort sucré ; mûr à la mi-août.

Drap d'or, mirabelle double, petite, jaune, tiquetée de rouge, fondante, sucrée, délicate, très-bonne; mûr à la mi-août.

Impériale violette, gros fruit, ferme, sucré, relevé; mûr à la fin d'août.

Diaprée violette, fruit moyen, violet, allongé, ferme, sucré, délicat; bon au commencement d'août.

Diaprée rouge, ferme, succulent, sucré, relevé; mûr au commencement de septembre.

Sainte-Catherine, fruit moyen, allongé, jaune, sucré, très-bon en septembre et octobre.

L'exposition du levant ou du couchant est favorable au prunier, dont on multiplie les variétés par la greffe en écusson ou en fente sur des tiges de leur espèce.

De la vigne.

Il n'est question que de celle qu'on cultive dans les jardins.

Raisin précoce de Madeleine, morillon bâtif, petite grappe, très-petit grain, violet noir; plus curieux que bon.

Chasselas, Bar-sur-Aube, grande grappe, gros raisin rond, jaune d'ambre, fondant, doux, sucré, très-bon.

Chasselas musqué, un peu moins

gros et plus tardif, vert, sucré, relevé de musc.

Ciouta, variété de chasselas, grappes et grains plus petits.

Muscat blanc, grappe très-longue, grain serré, peau blanche, croquante, eau sucrée et musquée.

Muscat rouge, grain moins serré, moins gros, rouge vif, musqué, moins bon; il mûrit mieux que le blanc.

Muscat violet et noir, inférieurs en bonté.

Muscat d'Alexandrie, grappe peu garnie; il mûrit rarement.

Corinthe blanc, petite grappe allongée, garnie de forts petits grains ronds: jaunes, succulens, sucrés.

Verjus bourdelas, très-grosse grappe garnie de forts gros grains oblongs, jaunes pâles, pleins d'eau agréable dans leur maturité.

Il y en a une variété dont les grains sont violets.

Le raisin adoucit les âcretés de la poitrine, et de la toux, il amollit et lâche le ventre; il excite les crachats.

Moyens de préserver les greffes des chenilles et des fourmis.

On entoure la tige du sujet près de terre, avec du vieux oing ou avec une ceinture large de quatre doigts, ou de corde de crin, ou de laine, imbibée d'huile, on répand au pied de la sciure de bois, ou de la suie de cheminée.

En graissant le pied de l'arbre de vieux oing, de la largeur d'un demi-pouce, on empêche les chenilles et fourmis d'y monter.

La fumée ou fumigation de crottes de chèvres, de gousses d'ail et de buis, fait périr les chenilles.

Les fourmillières sont très-rares dans les endroits labourés ; ainsi le labour fait au pied des arbres en écarte les fourmis qui les feroient périr.

Manière de détruire les courtillières des jardins, etc.

A la profondeur d'un pouce seulement, on met en terre des cloches de verre ou des terrines ; on affermit la terre qui environne les bords ; on enchâsse le vaisseau de manière qu'il soit parfaitement de niveau avec le terrain, sans que rien déborde ; on y met ensuite deux ou trois pouces d'eau. Les courtillières, les rats, les mulots et les crapauds s'y prennent; les taupes seules échappent.

Autre. Avec le doigt on suit la trace des courtillières, trace qui est presqu'à fleur de terre, jusqu'à ce qu'on trouve un trou qui descend perpendiculairement, et qui est la retraite de l'insecte. On presse le plus qu'il est possible la terre contre les parois de ce trou, afin qu'elle ne s'écroule pas; ensuite on y verse deux ou trois gouttes d'huile quelconque, puis on remplit d'eau le trou. Bientôt l'animal sort, et vient sur le bord du trou, à moins qu'il ne soit étouffé sur-le-champ,

Autre. Arroser avec de l'eau de fumier les endroits infectés par ces insectes nuisibles. Une livre de savon noir suffit pour un muid d'eau. Cet arrosement doit se faire au milieu du jour, temps où les insectes sont dans leur retraite.

Moyen de détruire les fourmis.

On frotte l'intérieur de plusieurs vases ou pots à fleurs avec du sirop. Après avoir bouché le trou du fond, on les place au dessus des fourmillières; chaque jour on éloigne un peu

les pots, l'odeur les attirera toujours.
Elles les suivront sans cesse, et en peu
de temps on trouve dans le piège des
milliers de ces insectes, qu'on détruit
avec de l'eau bouillante ; on replace
ensuite le pot sur la fourmillière, jusqu'à ce qu'il ne s'en trouve plus.

L'odeur du marc de café, bouilli et
séché, et celle de l'huile de genièvre, les
empêche d'aborder ; mais comme elle
s'évapore, il faut renouveler le remède.

De la glu mise autour d'un arbre,
le garantit des ravages des chenilles et
des fourmis.

Une eau chargée d'une forte décoction de feuilles de noyer, versée dans
la fourmillière, les fait périr.

Des entrailles de poisson, enfermées
dans les fourmillières, et des arbres
frottés avec un drap ou un linge imbibé
de suc de poisson, font fuir ou périr
les fourmis, quand elles en respirent
l'odeur de trop près.

Mettre un morceau de sucre de la
grosseur d'une noix dans des petits pots
de terre qu'on place près de l'endroit
le plus fréquenté des fourmis, elles s'y
rassembleront bientôt. Tous les quarts-
d'heure on visite les pots, et on verse
les fourmis qui s'y trouvent dans un
vaisseau

raisseau, autour duquel on a tracé dans l'intérieur un cercle de craie : ces insectes ont une si grande antipathie pour la craie, qu'ils ne pourront jamais passer dessus, et resteront dans le pot ; on les brûle alors avec quelques charbons de feu ou du papier allumé. Ainsi pour en débarrasser un arbre, il faut d'abord les attirer au bas, en leur présentant du sucre ; on trace ensuite autour de l'arbre un cercle de craie qu'elles ne franchiront jamais tant qu'il subsistera.

On met sur la fourmillière un os à demi rongé, lequel sera bientôt couvert de fourmis ; on trempe à mesure cet os dans l'eau chaude pour les noyer, et on réitère l'opération jusqu'à parfaite destruction.

On entoure encore l'arbre, après en avoir chassé et détruit les fourmis, avec une ceinture de laine fraîchement tirée, et large de quatre doigts.

Quand le corps d'un arbre est bien écroulé jusqu'au vif, et bien émoussé, on délaie un quart de poussier de charbon dans un seau d'eau, puis avec une torche de paille on bassine le corps du pied à la tête ; ce bassinage sert à donner de l'élasticité aux pores, et à empêcher qu'aucun insecte ne puisse monter à l'arbre, sur-tout les fourmis, très-nuisibles aux jeunes bourgeons.

Lorsque les fourmis se portent sur un arbre, il faut en frotter le tour du corps de la largeur d'un pied, en forme d'un cordon, avec du charbon, elles l'abandonneront tout de suite.

Moyen de détruire les insectes.

Fondre et délayer dans l'eau chaude une livre de savon noir, qu'on jette et qu'on mêle bien dans un quart de muid d'eau; on en arrose ensuite l'arbre avec un balai ou un linge. Une petite pompe est excellente pour les grands arbres.

Moyen de détruire les insectes qui attaquent les arbres fruitiers.

On parvient à nettoyer les arbres qu'ils dévorent, sans qu'ils en souffrent aucun dommage, en arrosant les branches et les feuilles avec une infusion de tabac refroidie et passée au tamis.

Pour préserver les navets et autres plantes semblables du ravage des insectes et des vers.

On ramasse toutes sortes d'herbes sauvages qui croissent dans les haies, etc., et on les mêle avec de la paille. On place le tout en tas au bord du champ contre le vent ; on y met le feu, et la fumée qui se répand sur la terre, fait fuir les insectes destructeurs. Il faut observer que les feuilles ne doivent être fanées, qu'autant qu'il est nécessaire pour ne pas étouffer le feu, et pouvoir produire plus de fumée.

On garantit les plantes des insectes, en répandant de la cendre dessus et tout autour des planches.

De la cendre mêlée avec de la fiente de poule, bien pilée et répandue dans le champ, fait mourir les vers qui rongent les navets.

Pour conserver des semences dans la terre, sans dommage de la part des insectes et des oiseaux.

Quelque temps avant de les semer, il faut les faire tremper dans du suc de joubarbe.

Moyen de fortifier les arbres fruitiers, et de les garantir de la vermine et des insectes qui les font souvent périr.

Par le moyen d'une seringue coiffée d'une pomme à mille trous, un peu aplatie et adaptée au moyen d'une vis,

on arrose les arbres avec une décoction d'eau de chaux bien éteinte, dans
laquelle on aura détrempé environ une
poignée de mauvais tabac sur deux li-
tres (pintes) d'eau, les insectes péri-
ront : quatre à cinq jours après, on les
arrose de même avec de l'eau claire.

Dans un tonneau ordinaire, on met
un demi-boisseau de crottin de pigeon,
autant de crottin de brebis, de fiente
de vache et de cheval : on y ajoute un
boisseau de suie de cheminée. On fait
bouillir du genêt ou autres plantes fortes
dans l'eau de lessive; lorsque les plantes
sont bien cuites, on les retire et on
jette la lessive dans le tonneau, et pendant quatre à cinq jours on remue bien
le tout. Quand on s'aperçoit qu'un arbre
est malade, on fait une cuvette autour
de lui, et on y jette de cette lessive une
assez grande quantité, pour que cela
puisse pénétrer jusqu'aux racines. Si
les branches sont infectées de fourmis
ou autres insectes, on peut les asperger
de cette même lessive. Mais si l'arbre a
langui tout l'été, il faut à l'automne le
déchausser un peu, et couvrir ses racines avec le marc qui sera resté au
fond du tonneau.

Quand on n'a pas de cette lessive, et

qu'on aperçoit un arbre dévasté par les insectes, il faut, lorsque la rosée est encore sur les arbres, ou après la pluie, saupoudrer l'arbre avec la suie de cheminée.

Moyen pour détruire les chenilles, limaçons et puces de terre, qui rongent les petites plantes de choux, raves, navets, etc..

Dans un seau d'urine de basse-cour, on met de l'assa fœtida, de la guede ou pastel, de l'ail, des baies de laurier concassées, de chacun environ deux gros ; des feuilles ou des extrémités de sureau, une poignée ; de la racine de chardon autant, et l'on infuse le tout pendant vingt-quatre heures. Pour se servir de cette infusion, on prend un goupillon de paille de seigle qu'on trempe dedans, on en arrose les petites plantes infectées d'insectes, ils ne tarderont pas à périr.

Moyen de garantir des chenilles les arbres et les légumes.

Les chenilles sont en si grand nombre dans de certaines années, qu'elles dévorent les bourgeons des arbres, les feuilles, les légumes, et en font périr

les fleurs et conséquemment les fruits ;
un des moyens les plus assurés, c'est
de couper tous ces nids de chenilles, et
de les faire brûler. On a donné depuis
peu, comme un remède immanquable
pour les faire périr, de dissoudre du
savon noir gras dans de l'eau (on pré-
tend cependant que l'eau de savon tache
ou même gâte le fruit), et avec un
simple goupillon d'en jeter sur ces nids
de chenille commune, le soir ou le
matin, temps où les chenilles sont retirées dans leurs nids, qui leur servent
de tentes. Une seule goute de cette eau
mousseuse venant à tomber dessus la
toile ou tente qui les renferme, les
fait crever, dit-on, et tomber en mas-
ses, et on les voit périr sans qu'il soit
nécessaire de les brûler ni de les écra-
ser. On recommande de jeter cette eau
savonneuse sur ces tentes nouvellement
formées.

Quoi qu'il en soit, on sait que lorsque
quelque matière grasse et huileuse vient
à boucher les stigmates des chenilles,
qui sont de petites ouvertures en forme
de boutonnière, placées sur les côtés
de la chenille, et qui sont ses organes
de la respiration, ces insectes périssent.
Mais comment cette goutte d'eau sa-

vonneuse peut-elle produire cet effet,
pour peu que ces insectes soient recou-
verts sous leur tente ; car lorsqu'elles
sont tout-à-fait formées, elles sont im-
pénétrables à l'eau, et on y remarque
seulement plusieurs ouvertures qui
aboutissent à un centre commun, le
lieu de leur domicile ? On parvient encore, dit-on, à faire périr les chenilles,
si on a soin de saupoudrer les plantes
après les avoir arrosées avec de la poussière de houille calcinée, qui est une
espèce de charbon de terre.

À ces procédés, nous en ajouterons
un autre infaillible contre les chenilles dans les choux. Qu'on ense-
mence avec du chanvre tout le bord
du terrain dans lequel on veut planter
les choux, et l'on verra avec étonne-
ment que quand même tout le voisinage seroit infecté de chenilles, on en
sera entièrement garanti dans l'espace
enfermé par le chanvre, sans qu'il s'y
en trouve une seule. Si cette occulte
vertu du chanvre n'est pas l'effet de l'a-
version que les chenilles ont pour cette
plante, ne seroit-ce pas que les oiseaux
qui en sont friands, attirés par elle,
détruisent dans son voisinage toutes les
chenilles qu'ils rencontrent.

On remplit un petit réchaud de charbons bien allumés, on le présente sous les branches qui sont infectés de chenilles : on y jette plusieurs pincées de soufre en poudre dont la vapeur, qui leur est mortelle, les fait toutes entièrement périr, et même par la suite il n'en vient aucune s'attacher à ces arbres. On assure qu'une livre de soufre suffit pour écheniller les arbres de plusieurs arpens, en quelque quantité que soient les chenilles.

On donne encore comme un procédé certain contre les chenilles, de prendre du genêt, de le couper menu, de le faire tremper et infuser dans de l'eau pendant la nuit. Il en faut une brassée dans un baquet ; le lendemain, avec un goupillon ou une poignée d'herbe, comme un petit balai, on asperge les arbres, les choux et les plantes où l'on voit des chenilles. La qualité du genêt, que l'eau aura contractée, détruira les chenilles sans faire aucun tort aux fruits. Mais il est nécessaire de recommencer cette opération plusieurs fois.

Voici un procédé assez simple et très-efficace, pour détruire l'espèce de chenilles qui s'attachent spécialement au pommier. Cette chenille, après s'être formée une coque, reste immobile sous la forme de chrysalide pendant environ dix jours, avant la fin du mois de juin. Détruire ces chrysalides, ou plutôt l'assemblage qui s'en trouve formé sous les grosses branches, ou à la bifurcation des troncs des pommiers, c'est prévenir le développement et l'essor du papillon, la ponte des œufs et la génération annuelle des chenilles. Il ne s'agit donc pour y réussir, que d'*écoconner* dans les temps marqués, c'est-à-dire au mois de juin. On prend, on enlève ces coques avec facilité ; on les dépose dans des paniers pour les brûler et les enfouir.

Moyen pour délivrer les plantes des puces et des pucerons.

Tous les matins avant que la rosée soit desséchée par le soleil, ou sur-tout dans le temps de pluie ou ces insectes sont plus voraces, il faut saupoudrer les végétaux de poussière passée au tamis.

Comme les pucerons aiment à se cacher, on place une fiole le goulot renversé, attachée à un bâton un peu élevé, ils s'y retireront.

Procédés pour la destruction des taupes.

Quelques douzaines de noix que l'on fait bouillir pendant trois ou quatre heures dans de l'eau de lessive, qu'on partage ensuite en deux, et qu'on met dans les trous où les taupes travaillent, les font périr. Souvent les rats mangent ces noix, et alors on ne réussit pas; mais on indiquera les moyens de prendre les rats, souris, etc.

On verse doucement de l'eau à côté de l'endroit où travaille la taupe, elle entre très-aisément dans cette terre remuée; la taupe alors qui craint d'être noyée, sort pour chercher un autre asile, et on la prend aisément.

On place dans les prés, dans les jardins, des pots de terre vernissés en dedans, un peu plus étroits de l'orifice que du milieu, et assez profonds. On les enterre de trois ou quatre pouces au dessous de la superficie du gazon ou de la terre; on y met deux ou trois écrevisses vivantes; on recouvre l'orifice du vase avec un gazon. Les taupes y seront bientôt attirées, elles tomberont dans le pot, d'où elles ne pourront plus sortir.

Dans tous les endroits où on aperçoit

des taupinières, on peut encore jeter du fumier frais de chèvre ; la seule odeur de ce fumier les fait fuir.

Le plus sûr des expédiens est de guetter, au lever ou coucher du soleil, en repos et silence, les taupes, lorsqu'elles lèvent la surface du terrain ou de la terre où elles passent. Observant bien l'endroit où se fait le mouvement de l'animal, on le frappe d'un maillet garni de pointes de fer un peu longues, dont le manche soit long. On fouille ensuite promptement la terre, d'où on retire la taupe écrasée ou étourdie. Au lieu du maillet, on peut se servir de la pioche ou de la bêche, pour enlever la taupe vivante hors de terre.

Pour faire périr les souris, les musaraignes et les mulots qui dévorent les semailles.

Dans une suffisante quantité d'eau où on aura fait bouillir de la suie, on fait bouillir de l'absynthe. On en répand dans tous les trous qu'on aperçoit à la superficie de son terrain. Il faut faire cette opération par un temps humide, parce qu'alors le goût et l'odeur du mélange dureront jusqu'à ce que la liqueur ait pénétré le réduit des souris

que la suie fait périr. Pour donner plus
d'activité à ce remède, il faut jeter dans
chaque trou de petites pierres de chaux
vive, sur lesquelles on versera l'infusion
de suie; il est impossible que les animaux échappent.

On détruit encore les mulots par le
moyen d'un soufflet à deux vents fait
exprès, avec lequel on introduit la vapeur du soufre allumé dans les terriers
des mulots, on bouche ensuite tous les
endroits par lesquels on a soufflé, tous
les animaux périssent suffoqués par la
vapeur.

*Pour garantir les jeunes plantes de la
voracité des insectes, lorsqu'elles
sortent de terre.*

Les premières feuilles de navets, de
choux, de laitues et de plusieurs autres
plantes, sont sujettes, lorsque l'on sème
pendant les grandes chaleurs (on suppose qu'il est question de faire usage de
ce moyen dans le mois d'août pour
préserver les navets), à la voracité des
mouches et des insectes, dont il y a
grand nombre dans cette saison. Pour
parer à cet inconvénient, on met dans
un pot de terre vernissé trois livres de
semences de navets, avec une once de
fleur

fleur de soufre, qu'on mêle bien, et
on conserve ce mélange pendant vingt-
quatre heures, le trou étant bien bouché. Après ce temps, on y ajoute une
once de soufre, que l'on mêle de nouveau; on en use encore de même le
troisième jour; on a alors trois livres de
graines de navets, auxquelles ont été
jointes et comme incorporées trois onces
de soufre, le tout conservé dans un pot
bien bouché (on peut réduire la graine
et le remède à la quantité qu'on veut
semer) : vingt-quatre heures après la
dernière introduction du soufre, on
sème le tout dans un arpent de terre,
suivant l'usage ordinaire : les navets
étant levés, seront préservés des insectes; quelque temps qu'il fasse, sec ou
humide, ils auront le temps de prendre
des forces; car jusqu'alors ils auront
quelque chose d'amer qui écartera le
danger qu'ils coureroient de la part de
ces insectes.

On voit quelquefois ces insectes, dans
le mois d'août, voler par essaims à la
surface de la terre : ils cherchent alors
où se reposer pour se repaître de nouvelles feuilles, et ruiner des champs
entiers. On les voit dans certaines saisons sur des mottes de terre, d'où ils

parlent continuellement pour faire leur
ravage. Les expériences faites ont également réussi depuis plusieurs années à
nombre de personnes, et toutes ont re-
connu combien étoient considérables
les avantages de cette excellente pratique, que l'on pourroit appliquer à
la graine d'un tres-grand nombre de
plantes.

Conservation des plantes.

Parmi les différens moyens qu'emploient les curieux pour préserver les
plantes tendres des gelées pendant les
hivers rudes, il en est un fort simple,
constaté par le succès des expériences.
C'est de placer les pots qu'on veut préserver de la gelée, au fond d'un grand
tonneau ou cuve, de manière qu'ils
soient droits et ne se remplissent pas;
de remplir ensuite ce tonneau, de façon
qu'il y ait au dessus de la plante au
moins deux pieds et demi ou trois pieds
d'eau. La superficie de l'eau se glacera,
mais le fond du tonneau sera d'une
température modérée qui conservera les
plantes. Ce moyen est trop facile pour
ne le pas publier et ne le pas mettre en
pratique, lorsque des expériences réité-
rées en auront constaté la bonté.

Recette d'une eau qui a la propriété de faire périr les insectes, les chenilles, pucerons, punaises, fourmis, etc.

Savon noir, deux livres et demie ; fleur de soufre, deux livres et demie ; champignons, tels qu'ils sont, deux livres ; eau, soixante pintes. Partager l'eau en deux portions égales, en mettre moitié dans un tonneau qui ne servira qu'à cet usage, y délayer le savon noir, et y ajouter les champignons, après les avoir écrasés légèrement.

On fait bouillir dans une chaudière la moitié ou le reste de l'eau ; on met tout le soufre dans une toile claire bien ficelée ; ou y attache une pierre pour le tenir au fond ; si la chaudière est trop petite, on divisera l'eau en deux fois, et de même le soufre. Pendant vingt minutes environ, temps que doit durer l'ébullition, on remue avec un bâton, soit pour fouler le paquet de soufre, et le faire tamiser, soit pour en faire prendre à l'eau toute la force et la couleur ; si on augmente la dose des ingrédiens, les effets de cette eau ainsi préparée, n'en seroient que plus marqués.

On verse dans le tonneau l'eau sortant du feu, et on la remue avec un bâton : chaque jour on agite ce mélange jusqu'à ce qu'il ait acquis le plus haut degré de félidité. Plus la liqueur est à ce point, plus son action est prompte ; il faut avoir la précaution de bien boucher le tonneau chaque fois qu'on agitera l'eau.

Quand on veut faire usage de cette eau, il suffit d'en verser sur certaines plantes, de les en arroser, ou d'y plonger leurs branches ; mais la meilleure manière de s'en servir, est de faire des injections avec une seringue ordinaire, à laquelle on adapte une canule ordinaire, dont le bout a une tête d'un pouce et demi de diamètre, percée sur la partie horizontale de petits trous, comme des trous d'épingles pour les plantes les plus délicates, et un peu plus grands pour les arbres.

Les chenilles, les scarabées, les pucerons, punaises de lit, d'oranger, et autres insectes, périssent à la première injection. Les insectes qui vivent sous terre, ceux qui ont une écaille dure, les frelons, les guêpes, les fourmis, etc., demandent à être injectés doucement et continuellement, jusqu'à ce que l'eau pénètre au fond de leur demeure. Les fourmillières sur-tout exigent de deux à huit pintes d'eau, selon le volume et l'étendue de la fourmillière, à laquelle il ne faut pas même toucher pendant vingt-quatre heures. Si les fourmis absentes forment une nouvelle fourmillière, il faut en faire de même et continuer les injections sans les tourmenter, jusqu'à ce qu'il n'en paroisse plus à la surface de la terre, et qu'elles soient toutes détruites.

Deux onces de noix vomique, ajoutées à ce remède, et qu'on feroit bouillir avec la fleur de soufre, donneroient encore plus de force à l'eau, sur-tout lorsqu'il s'agit de détruire les fourmis; et s'il étoit possible de faire bouillir la fleur de soufre dans tout le volume d'eau, le contact en seroit plus violent, et la destruction beaucoup plus prompte.

Travaux à faire dans les jardins à fleurs et dans la serre pendant le courant de l'année.

Dans le nombre des fleurs et des arbrisseaux, il y en a beaucoup qui demandent la terre de bruyère, seule propre à l'entretien de certaines plantes, dont les racines ligneuses et cassantes ont des chevelus rares, minces, délicats. Cette terre a la propriété de conserver l'humidité, et de se laisser pénétrer par toutes influences atmosphériques qui contribuent à la végétation. Il vaut mieux l'employer pure que mélangée, et pour lui conserver sa pureté, il ne faut pas souffrir qu'elle ait de contact avec d'autres terres : pour cela on creuse des fosses plus ou moins profondes, suivant les plantes qu'on veut cultiver ; on les établit en auge, et on en garnit le fond et les côtés de planches, un mur de pierres posées à sec seroit préférable. On jette au fond toutes les racines et branchages trouvées dans la terre de bruyère, puis on fait un lit de tourbe ou de charbon éteint, et on remplit le creux de terre de bruyère passée et épierrée à la claie.

Lorsqu'elle est affaissée, on y met les plantes qui demandent cette terre, comme le Rhododendrum, Hortensia, Bruyères, etc., etc., parmi lesquels on entremêle des plantes bulbeuses, comme oignons à fleurs de plusieurs sortes, martagons du Canada, lis St.-Bruno, orchis, muguet et sceau de Salomon à fleurs doubles, etc.

Le terreau de feuilles bien consommé est encore excellent, et peut bien remplacer la terre de bruyère, qui n'est qu'un sable fin chargé de décompositions végétales. Ces terres, qu'on doit avoir soin de ne pas laisser dessécher, parce qu'elles reprennent difficilement l'humidité, ne se labourent point, au moins profondément : on se contente d'en arracher les mauvaises herbes et de sarcler fréquemment.

Des fleurs de parterre, de leur arrangement et de leur semis.

Avant de planter, il faut connoître sa terre pour l'améliorer ou l'amender de la manière la plus convenable, et la passer au petit crible pour les plantes à mettre en pots.

Tous les trois ans, temps où on lève les oignons, la terre des plates-bandes

et des planches d'un jardin à fleur, doit
être amendée avec du fumier de vache
bien consommé, si la terre est légère,
et avec du fumier de cheval dans les
terres fraîches.

Au bas des plates-bandes, on met les
oignons et les petites fleurs, les moyennes au dessus, et les plus grandes sur
le milieu, entre les arbustes.

Dans les plates-bandes des grands
parterres, on ne plante que des oignons
rustiques, qui ne gèlent pas comme
ceux des tulipes communes, de narcisse
blanc et jaune, de jacinthes, de couronne impériale et d'anémones simples.

Le milieu des plates-bandes est garni
de petits arbustes, comme lilas de
Perse, chèvre-feuille, genêt d'Espagne,
rosiers de différentes espèces. Entre ces
arbustes ou place de grosses fleurs vivaces, comme soleils, lis, mufles de
lion, valérianes, ancolies, giroflées
musquées, jaune et autres, roses trémières, belles de nuit, etc.

Si on n'a pas d'oignon, on met à la
place, pour la première fois, des fleurs
printannières, comme hépatiques, primevères, marguerites et autres plantes
à fleurs hâtives.

A la seconde saison, on plante au

second rang au dessus des œillets de poète, œillets d'Espagne, mignardises, croix de Jérusalem, coquelourdes, campanilles, jacées, gros œillets communs, immortelles, scabieuses, etc.

Pour la troisième saison, on met amaranthes, tricolores, roses d'Inde, reines-marguerites, belsamines, œillets d'Inde, belles de nuit et thlaspi.

Le printemps est la saison la meilleure et la plus favorable pour semer les fleurs, c'est le temps où l'air est plus tempéré. On ne plante en automne que les oignons plus durs à lever, et qui passent l'hiver en terre pour avancer leur germination.

Dans une terre bien remuée, rompue et presque pulvérisée, on les sème par rayons, espacées de quatre doigts, pour ne pas les mêler. Celles qui doivent être replantées avant l'hiver, se sèment de bonne heure, et elles ne se replantent que quand elles sont assez fortes pour être reprises avant les gelées ou avant les sécheresses. En plantant, il faut serrer un peu la terre contre la plante, l'arroser souvent; et quand elle est bien reprise et qu'elle a commencé à jeter, remuer légèrement la terre, afin qu'elle ne s'endurcisse pas davantage,

Liste des fleurs suivant leurs saisons.

Janvier.

Avec des soins particuliers dans la serre, ou sous des châssis, on commence à voir des hyacinthes, des semi-doubles, anémones, thlaspi blanc, laurier, thym; mais les fleurs n'ont pas la beauté qu'elles ont dans le temps où elles viennent naturellement. L'hépatique gris de lin, et la bleue, si la saison est douce, autrement elle retarde d'un mois, est la seule fleur qui vienne naturellement.

Dans ce mois, on prépare des couches chaudes, afin de semer de bonne heure les plantes annuelles : on remue le terreau pour que les gelées le mûrisse ; on abrite du froid les pots remplis de sujets propres à grainer.

Il faut tenir la serre bien close pour que la gelée n'y pénètre pas, y faire du feu s'il est nécessaire, et veiller à ce qu'elle soit toujours proprement tenue.

Février.

On voit dans ce mois le perce-neige

simple et double, l'ellébore à fleurs blanches, et quelquefois le crocus.

Les plates-bandes de fleurs doivent être tenues proprement. On laboure, s'il est possible, la terre pour en recevoir de nouvelles ; on peut empoter des œillets en ménageant bien les racines ; on nettoie les couches de toutes les mauvaises herbes, et on les couvre soigneusement de paillassons ou d'autres abris pour les préserver du froid.

On sème sur couches préparées, giroflée, quarantaine, thlaspi, œillets, pieds d'alouette, etc.

On plante lilas, chèvre-feuilles, jasmins, rosiers, enfin les arbrisseaux à fleurs.

La serre demande toujours les mêmes soins ; on sème en pots des pepins d'oranger, de bigarade.

Mars.

La violette, les narcisses doubles jaunes, l'elléborine à fleurs jaunes, les narcisses à bouquets, la couronne impériale, les hyacintes hâtives : le bois-gentil, le troène, arbrisseaux.

On continue la transplantation des œillets ; on nettoie bien toutes les plates-bandes et toutes les bordures ; on relève ces dernières s'il est nécessaire; on en fait des nouvelles; on plante le romarin, le baume; on continue à semer sur les couches ce qu'on avoit oublié le mois dernier.

Si le soleil le permet, on donne de l'air à la serre; on la tient toujours propre; on donne quelques arrosemens aux orangers et aux autres sujets qui le demandent.

Avril.

Avec les fleurs précédentes, les marguerites, les hyacinthes, les oreilles d'ours ou auricules, les primevères, le perce-neige à bouquets, les iris de plusieurs espèces, la hyacinthe de Lienne, les tulipes hâtives, les fritillaires, les saxifrages, le thlaspi jaune ou alyssum, la pensée, le bouton d'argent d'Angleterre, l'anémone, les giroflées jaunes, les rouges, les blanches; l'arum d'Egypte, plante d'orangerie; l'omphaloïdes, la thymélée des Alpes, l'arbre de Judée, l'amandier d'Amérique, le pêcher à fleurs doubles, l'amandier à fleurs doubles, le cerisier à fleurs doubles, le merisier à fleurs doubles, le prunier à fleurs doubles, le pommier à fleurs doubles, le poirier à fleurs doubles, la viorne, etc.

On

On peut commencer à semer en pleine terre les fleurs annuelles qu'on éclaircira si elles sont trop serrées : on doit bien nettoyer toutes les plates-bandes et attacher à de petits tuteurs les tiges des plantes qui en ont besoin ; on sème des œillets ; on commence à abriter du soleil les oreilles d'ours dont on fait les marcottes par l'éclat des pieds enracinés ; il faut également les garantir de l'humidité , ainsi que les renoncules choisies, les anémones, etc.

La serre commence à demander plus d'air, on sortira même vers la fin du mois, si le temps le permet, les fleurs et les arbustes en les abritant du vent du nord. On nettoie les orangers ; on donne les encaissemens ou demi-encaissemens aux arbustes qui le demandent ; on renouvelle une partie de la terre des autres ; on greffe par approche les jasmins, les orangers, etc. ; mais la greffe par boutons est préférable.

Mai.

Une partie des fleurs du mois précédent : les jonquilles, les tulipes, différentes espèces d'iris, le lis Pomponium, le lis Saint-Jacques, le lis Mathiole, le lis Saint-Bruno, le lis jonquille ou

petit asphodelle, les semi-doubles, la
hyacinthe du Pérou ou étoilée, l'étoile,
le bouton d'or, le géum, le cierge che-
nillé, l'herbe Sainte-Barbe, l'aconit ou
casque, l'hyéracium d'Hongrie, l'éphé-
mère de Virginie, les différentes espèces
d'ancholies simples et doubles, la mignardise et autres petits œillets, l'œillet
d'Espagne, la julienne, la véronique
des jardins, la valériane rouge et la
blanche, la fraxinelle, la belle de jour,
la doronique à larges feuilles, le buisson
ardent, les chèvre-feuilles, la rose de
Gueldres ou pelotte de neige, la stati-
cée, le réséda, la fumeterre bulbeuse,
le muguet double et simple, le lilas
commun, le lilas de Perse, le trifolium,
le sécuridaca, le syringa, l'anonis, les
ronces à fleurs doubles, le cityse, le
jasmin jaune, toutes sortes d'épines,
différentes roses, le tamarisc, arbre
toujours vert, qui refleurit en automne,
quand il est tondu après sa fleur, etc.

On sème encore des graines de fleurs
d'automne et des œillets pour le printemps suivant; on attache toutes les tiges
des fleurs, qui en tombant, se casse-
roient. Toutes les plates-bandes doivent
être sarclées, les bordures tenues très-
propres, et les allées du jardin nettoyées.

C'est enfin le moment de sortir les orangers de la serre, ce qu'il faut faire par un temps couvert; on a dû renouveler la terre de dessus, les nettoyer, etc.

Juin.

Les mufles de lion, le pois vivace, les pois à odeur, l'ornithogalon, le lis ensanglanté, le lis à feuilles panachées, le lis asphodèle, le lis blanc, le lis oranger, les martagons, les geranium, la coquelourde simple et double, la jacée, les campanelles bleues et blanches, les œillets de poète, la violette marine, les pivoines, la quarantaine, les pieds d'alouette vivaces et annuels, la petite immortelle jaune, les coquelicots, les pavots, le sainfoin d'Espagne, les barbeaux, le muscipula, la jacobée d'Afrique, la croix de Jérusalem simple et double, les soucis, la mauve des jardins, la mauve lavarette, les rosiers rouges et blancs, la digitale, l'apocin du Canada, les mille-feuilles, le phlox du printemps, le beau laurier Saint-Antoine, l'héliotrope, la julienne de Mahon, la valériane d'Angleterre, les gladioles, le laurier-rose, les grenadiers, le solanum, l'azédarac, le clématite, la grenadille ou fleur de la

passion, la cotouille, arbrisseau d'orangerie ; à la fin du mois, les œillets commencent à fleurir, etc.

Il faut couper à mesure les tiges défleuries dans les plates-bandes ou le long
des bordures ; on plante des marcottes
d'œillets et des fleurs à racines fibreuses.

Juillet.

Aux fleurs précédentes, il faut ajouter la matricaire à fleurs doubles, la
scabieuse, la tubéreuse, le thlaspi, les
soleils, les fèves d'Espagne, les capu-
cines, les convolvulus ou volubilis, la
figue d'Inde, le géranium triste, le tra-
chelium, le ketmia, la saponnaire
double et simple, la reine des prés
simple et double, la salicaire, l'aster
de la Nouvelle-Angleterre, les mo-
nardes rouges et gris de lin, le genêt
d'Espagne simple, le laurier-rose, etc.

Toutes les bordures et les plates-
bandes demandent à être tenues proprement et nettoyées des mauvaises
herbes. On veille aux graines pour les
recolter à mesure ; on continue de marcotter les œillets ; on soutient avec de
petits tuteurs les tiges tombantes ; on
fauche et on roule les gazons, et le
jardin doit être nettoyé par-tout.

Août.

Avec quelques-unes du mois précédent, l'iris tigre ou ixia, les roses trémières, la rose d'Inde, l'œillet d'Inde, l'amarantoïdès, l'amaranthe, le tricolor, la belle de nuit, l'œillet de la Chine, la reine-marguerite, la balsamine, le bouton d'argent, la jacobée, différentes espèces d'asters, chevelure blonde des Germains, phlox d'automne, aloïdes uvaria, la cyclamen ou pain de pourceau, la queue de lion, la queue de renard, colutea à fleurs rouges, le genêt d'Espagne double, l'althéa frutex, et quelques autres arbrisseaux, etc.

On récolte toutes les graines à mesure de leur maturité : on sème en pots des graines d'anémones, jacinthes, etc.; on renouvelle la terre de dessus tous les pots, les caisses, etc., pour vivifier les plantes; on met en pots les marcottes d'œillets, et on passe le râteau sur toutes les allées pour les nettoyer de toutes les feuilles tombées.

Septembre.

Ajouter aux fleurs du mois précédent, le jasmin d'Espagne, le jasmin des Açores, le jasmin d'Arabie, la bella-

donna, plante bulbeuse, le narcisse
d'automne, les colchiques, le safran,
le cannacorus, etc.

Dans ce mois, on peut déjà s'occuper
à refaire les bordures qui sont trop
épaisses, il suffit d'éclater leurs pieds;
on regarnit aussi les endroits qui ont
manqué; on garnit les plates-bandes
des fleurs de la saison; on les nettoie
continuellement; mais actuellement il
n'y a plus à craindre que les mauvaises
herbes viennent en graine.

C'est le moment de bien nettoyer la
serre de tout ce qui pourroit nuire aux
plantes, et de disposer les gradins pour
recevoir les pots ou petites caisses.

Octobre.

Dans ce mois et les deux suivans, on
voit très-peu de nouvelles fleurs; il faut
employer les couches et les châssis pour
en obtenir, comme il a été dit en janvier; mais tous les soins pendant ce
temps doivent être tournés vers la serre,
qu'il faut tenir dans la plus grande propreté, et dont les arbres qui la garnissent doivent être visités très-souvent,
les herbes qui poussent ôtées et jetées
hors de la serre.

Des fleurs, arbres, et arbrisseaux de pleine terre, d'orangerie et d'ornement.

On ne relève jamais des oignons, pattes et griffes que par un beau temps sec, et lorsque. les fanes sont sèches : on les nettoie avec soin de tout ce qu'ils pourroient avoir de gâté; on sépare les cayeux et toutes les parties qui doivent servir à la multiplication de la plante; on les met ensuite dans un endroit sec et bien aéré, avec l'attention de mettre l'oignon sur le côté, et espaçant le tout de manière que les racines ne se touchent pas.

Pour jouir de beaucoup de plantes, il est indispensable d'avoir une serre d'orangerie en bonne exposition du midi, garnie de tablettes pour recevoir les pots, et elle doit toujours être tenue proprement, sur-tout quand elle est remplie de tout ce qu'on y conserve pendant l'hiver. On observera aussi que toutes les plantes d'orangerie qui végètent l'hiver, doivent être mises le plus près possible des jours de la serre.

Des oignons et plantes bulbeuses.

Aconit-napel, casque En juin, il donne un gros épi de fleurs d'un bleu foncé superbe, représentant un casque antique, d'où on lui a donné le nom de *casque*. L'aconit croît naturellement dans les lieux élevés et pierreux, il ne craint point les hivers ; toutes sortes de terrains, toute exposition lui conviennent ; il ne demande aucun soin.

On multiplie l'aconit et ses différentes espèces, soit de graines qui n'exigent d'autres précautions que d'être semées aussitôt leur maturité, soit par la séparation qu'on peut faire en automne de ses racines, qu'il ne faut lever que tous les trois ou quatre ans, et qu'il faut replanter aussitôt.

Ail rameux, ail rose, ail des sables, ail à feuilles carénées, ail à tête sphérique, ail jaune, ail à grandes fleurs, ail pétiolé, ail doré, ail des vignes.

Toutes ces espèces se multiplient de graines, qu'on sème au mois de mars, ou de cayeux, qu'on plante à quatre ou cinq pouces de distance, et à trois pouces de profondeur. L'ail n'est pas difficile sur les qualités de la terre.

Albuca , albuca blanche , albuca jaune.

Albuca moyenne qui paroît être variété de la précédente , à laquelle elle ressemble en tout en petit.

L'albuca doit être mise en pots, en terre douce et franche , et mieux en terre de bruyère : on la multiplie de cayeux qu'on sépare lorsqu'ils sont assez forts, et que les feuilles de la plante sont sèches. Il faut les garantir du froid et les serrer dans l'orangerie, les arroser fréquemment pendant la floraison, rarement dans le temps de la croissance, et les tenir toujours propres.

Alétris du Cap. Cet oignon, sensible au froid, doit être serré à propos dans l'orangerie , et exposé au soleil le plus qu'il sera possible , autrement il ne fleuriroit point.

L'alétris veut une terre franche ou sablonneuse, qu'on arrose assez pendant sa végétation , mais très-peu dans le moment de son repos. La séparation des cayeux, lorsqu'ils sont assez forts et dans le temps où toutes les feuilles sont desséchées, est un moyen plus prompt et plus facile que la graine.

Amaryllis jaune, appelée assez improprement *narcisse d'automne.* Cet

oignon de moyenne grosseur et un peu
allongé, se plante en juillet ou août.
On le met en bordure; on en peut faire
aussi de petits massifs : il réussit à toute
exposition et dans toutes sortes de terre
reconnues propres aux oignons. On peut
l'y laisser plusieurs années pour y former des cayeux qui serviront à le multiplier, quand les feuilles seront passées.

Amaryllis ondulée. Cette plante demande à être mise dans un pot rempli de
terre de bruyère, arrosée modérément
et tenue à l'exposition du soleil : on la
multiplie comme la précédente.

Amaryllis, ou *Lis de Gernesey.*
Grenesiène. On met les oignons dans
des pots séparés, pleins de terre maigre
et mieux de bruyère, on leur donne
un moyen arrosement, et on les expose
au soleil avec le soin de les rentrer pour
la nuit, chaque fois qu'on craint qu'elle
ne soit fraîche ou qu'il n'y ait gelée
blanche.

Amaryllis à fleurs en croix : croix
de Saint-Jacques, lis de Saint-Jacques,
qui se multiplie de même, et qui demande les mêmes soins.

Amaryllis à fleurs roses. Belladonne; belladonne d'automne; bella-
donna. Il faut absolument mettre cet

oignon en pleine terre, à quatre pouces
de profondeur et au midi, le garantir
des gelées imprévues, par quelques
pouces de terreau, sur lequel, si le
froid augmente, on ajoute de la litière
sèche et un paillasson, qu'on soutient par
des traverses. Une terre plutôt maigre
que grasse lui convient, elle réussit
même très-bien dans un terrain plâ-
treux, où ses oignons grossissent parfaitement : elle ne demande point d'arrosement.

Il y a encore plusieurs sortes d'amaryllis, qui demandent la serre chaude,
et qui par conséquent ne doivent pas
être citées dans ce Manuel.

Anémone des jardins. Anémone des
fleuristes, simple ou double.

La double est la seule qui soit cultivée,
elle demande une bonne terre franche,
sans mélange de fumier ou de terreau.
Au mois d'octobre ou de novembre,
on laboure la terre ; on l'unit au râteau ;
on trace, à six pouces de distance, de
petits sillons au cordeau ; on place ensuite les pattes à six pouces les unes des
autres, en les enfonçant en terre à la
profondeur de deux pouces ; on les recouvre légèrement avec la même terre,
sur laquelle on met deux bons pouces

de terreau bien consommé, pour empêcher la terre de se durcir par la sécheresse. En plantant, il faut avoir soin de mettre l'œil de la plante en dessus ; l'anémone ne donneroit que des feuilles et point de fleurs: s'il y a quelque doute, on la plante de côté.

Lorsque le temps se dispose à la gelée, on couvre le plant avec de la litière bien sèche, et on met par-dessus de bons paillassons. Il est prudent de remettre les paillassons seuls tous les soirs, de peur qu'il ne revienne quelque gelée pendant la nuit.

Vers la fin de juin, par un temps sec, on relève les anémones qu'il ne faut pas laisser deux ans en terre.

Anémone des bois, ou *sylvie*. On la trouve dans les bois, il y en a dont les fleurs sont blanches ; d'autres les ont purpurines. Elle mérite d'être cultivée : on doit l'élever dans les lieux ombragés. Il y a des variétés à fleurs doubles blanches ou rosées.

Anémone à fleurs jaunes. Elléborine des jardiniers : sylvie jaune. L'elléborine fleurit en mars, après la perceneige ; quelquefois en même temps, mais toujours avant le safran printanier. On relève sa racine, quand les feuilles sont

sont desséchées, ou on la laisse en terre pendant trois ou quatre ans. Lorsqu'on l'a relevée, on nettoie les pattes, on en sépare les cayeux, et on laisse le tout sécher à l'ombre. On les replante au mois d'octobre dans une terre ordinaire, sans fumier, avec l'attention de mettre l'œil en dessus.

Anémone pulsatille. Pulsatille, herbe du vent, coquelourde. On l'élève de semences ou par les racines, lorsque les feuilles sont desséchées : tout terrain lui est propre.

Anémone hépatique. Hépatique des jardins. On en peut faire de jolies bordures, elles aiment un terrain frais et ombragé, craignant un peu les très-grands froids, sur-tout la neige, et demandent alors, principalement la bleue, à être couvertes de litière sèche. On les multiplie facilement en octobre par la séparation des pieds.

Anthéric-lis-Saint-Bruno. La racine a la forme d'une griffe d'asperge ; mais elle est beaucoup plus forte. On la met en terre au mois d'octobre, et elle fleurit aux mois de mai et juin. Il faut à cette plante une terre substantielle et du soleil. Les grands froids la font périr ; ainsi on la couvre lorsqu'il gèle.

Elle se multiplie par la séparation de
ses racines.

Anthéric rameux, herbe à l'araignée; *anthéric à feuilles graminées*,
anthéric bicolore.

Ces trois espèces demandent la même
culture, la même terre et exposition.

Antholyse éclatante. La plus bril-
lante des vingt espèces ou variétés con-
nues : elle produit beaucoup de cayeux.
Les feuilles ne tombant que lorsqu'il
en pousse d'autres, cet oignon ne doit
jamais être ôté de terre que pour le
sevrer de ses cayeux : s'il est en pot, il
faut changer sa terre tous les ans.

Asphodèle jaune. Bâton de Jacob,
verge de Jacob. Oignon charnu et gros,
qui réussit très-bien dans une bonne
terre ordinaire sans engrais, et à une
exposition du midi. On le multiplie,
ou par graine, que l'on sème au printemps, en pleine terre, au midi; ou
par les cayeux, qu'il ne faut séparer que
lorsqu'ils se détachent d'eux-mêmes.

Asphodèle blanc. Bâton royal. La
racine de cette plante vivace est un
amas de petites bulbes allongées. On
multiplie cet asphodèle par la graine,
et en séparant ses cayeux.

Balisier, où *Canne d'Inde.* Cannacorus. Cette plante demande à être soignée daus un pot rempli de bonne terre franche non fumée, enfoncé dès mars dans une couche chaude, arrosé fréquemment, retiré en juin de la couche, et placé en pleine terre au grand soleil à l'abri du nord. Vers le milieu de septembre, on met la plante à l'abri des pluies, afin de pouvoir la rentrer très-sèche dans l'orangerie, car la moindre humidité la feroit périr l'hiver. En mars, on change la terre, on sépare et on nettoie les cayeux.

Colchique d'automne. Tue-chien. Oignon charnu de moyenne grosseur nommé *tue-chien*, à cause de ses qualités malfaisantes. Il n'est difficile ni sur le terrain ni sur l'exposition, il réussit même à l'ombre des arbres. On peut le laisser trois ou quatre ans en terre, où il produira beaucoup de cayeux par le moyen desquels on le multiplie.

Colchique panaché, ainsi appelé, à cause de ses fleurs. En hiver, il lui faut l'orangerie.

Cyclamen d'Europe. Pain de pourceau. Le cyclamen d'Europe peut être élevé en pot ou en pleine terre légère, ombragée et point trop sèche. On le couvrira pendant les grands froids. Les autres espèces sont d'orangerie et demandent la terre de bruyère.

Erythrone. Dent de chien. Cette plante, petite, vivace et de pleine terre, se multiplie en relevant ses racines vers le mois d'octobre, et séparant les cayeux, qui ressemblent assez à une dent de chien : on les replante aussitôt dans de la terre ordinaire ou de bruyère, mais dans un endroit un peu ombragé. Cette jolie plante ne craint que les gelées extraordinaires.

Fritillaire - damier ou *méléagre.* Cette jolie plante, ainsi que ses variétés, toutes plus agréables les unes que les autres, veulent un terrain gras et frais ; il faut aussi, par précaution, les couvrir dans les froids rigoureux. On les multiplie par leurs cayeux, qu'on sépare tous les trois ou quatre ans, aux mois de juillet ou d'août, et qu'on replante aussi bien que les bulbes principales, en octobre ; ou par les graines qu'on sème en automne, dans des pots mis en orangerie, seulement pendant les gelées.

Fritillaire de Perse. Celle-ci est plus délicate que la précédente ; aussi a-t-elle péri dans les grands froids. Il sera bon d'en rentrer quelques bulbes dans l'orangerie.

Couronne impériale Impériale. Cette plante est d'un grand effet dans les parterres, il lui faut donner l'exposition du soleil, et une terre qui ne soit point fumée et qui ne retienne pas l'humidité qui la feroit périr. Tous les trois ou quatre ans, on relève l'oignon, on le nettoie, on sépare les cayeux, qu'on doit replanter de suite, à quatre ou cinq pouces de profondeur, aussi-bien que la bulbe principale, si l'on ne veut pas en perdre la fleur de l'année suivante.

Fumeterre bulbeuse. On plante la fumeterre au mois d'octobre ou de novembre, dans une terre légère sans fumier. Cette plante, qui ne craint point la gelée, doit être placée à l'ombre. On peut la relever de terre tous les ans au mois de juin, ou l'y laisser plusieurs années.

Fumeterre à grandes feuilles. Cette espèce se cultive et se propage comme la précédente, et n'est pas plus délicate.

Galant. Perce-neige. On laisse l'oignon en terre plusieurs années, pour y faire des cayeux, et lorsqu'on le relève, c'est toujours au mois de juin ou de juillet, pour le replanter en octobre en pleine terre, fraîche, ombragée et légère.

Glayeul commun. Oignon rustique, de la forme et de la grosseur de celui du crocus, une terre ordinaire, légère, mais non fumée, et toutes les expositions, hors celle de l'ombre, lui conviennent. On le multiplie de graines, mais mieux de ses cayeux qu'il donne en abondance, lorsqu'on le laisse en terre deux ou trois ans. Cette espèce et ses variétés ne craignent pas les gelées.

Hémérocalle jaune. Lis jaune, lis asphodèle des jardiniers. Plante bulbeuse et vivace, originaire de Sibérie. Elle ne craint pas le froid, et se plaît dans la terre propre aux plantes bulbeuses, où elle produit beaucoup de cayeux qui servent à la multiplier, et qu'on sépare tous les trois ou quatre ans après la chute de leurs feuilles.

Iris bulbeuse. La culture en a fait une infinité de variétés plus belles les unes que les autres. On en voit de violettes, de violettes panachées, de jaunes panachées, etc. Les oignons poussent des feuilles longues semblables à celles du jonc; ils demandent une terre légère, non fumée, mieux la terre de bruyère, et l'exposition du midi. On les plante au mois d'octobre, et on les couvre de paille sèche quand il gèle;

autrement ils pourroient périr. Ils peuvent rester deux ou trois ans en terre.

Iris de Perse. Une terre légère, ou plutôt de bruyère, et l'exposition du midi conviennent à cette plante. On doit planter l'oignon à la fin de septembre ou dans les premiers jours d'octobre; on le relève en juillet ou dans le mois d'août. On peut cependant le laisser en terre pendant deux ou trois ans. Il ne craint point le froid; mais lorsqu'il est en pot, il faut le mettre dans l'orangerie au temps des gelées, afin qu'il fleurisse plutôt.

Ixie bulbocode. C'est la seule qui puisse fort bien être mise en pleine terre, sauf à la couvrir de litière sèche pendant les grands froids. Cette plante ne demande qu'une terre légère, mais substantielle sans engrais.

Jacinthe orientale. Cette espèce est celle qu'on cultive avec tant de soins et de succès, et dont on a créé tant de variétés. On distingue les jacinthes en simples et doubles; puis par leurs couleurs, qui sont le *blanc à cœur jaune*, le *rouge*, le *rose*, le *bleu*, etc. La simple et la double se cultivent de la même manière. La terre de bruyère, mêlée avec une terre légère, mais substantielle, paroît être celle qui convient le mieux à la jacinthe. On peut mettre trois, même quatre oignons de jacinthe dans un pot. Si l'on désire hâter la floraison, on les place dans l'orangerie ou dans une chambre, mais loin d'un poële ou d'une cheminée.

On fait encore fleurir la jacinthe, en mettant l'oignon dans des carafes bien propres. Il faut les remplir d'eau froide de rivière, bien nettoyer le cul de l'oignon, qui souvent a de la terre; avoir attention que la moitié baigne dans l'eau; et comme il boit beaucoup, surtout dans le commencement, on doit remplir les carafes tous les jours. Un oignon élevé en carafe est un oignon perdu.

Dès la fin de septembre ou au commencement d'octobre au plus tard, on place les oignons de jacinthe à trois ou quatre pouces de distance, et on les enfonce à quatre pouces, on les relève au mois de juin par un temps sec. Cette plante se multiplie par les cayeux et par la graine. On doit la semer, en rayons ou à la volée, dans la terre de bruyère mêlée d'autre terre légère, et recouvrir la semence avec le râteau. Les semences sont l'unique moyen d'obtenir des variétés.

Jacinthe de Sienne. Jacinthe monstrueuse ; jacinthe paniculée ; lilas de terre ; faux - muscari. Cet oignon ne craint pas les gelées : on peut le planter en octobre dans toutes sortes de terres, pourvu qu'elles ne soient ni fumées ni trop compactes. On peut le relever en juillet comme les autres, ou le laisser, si l'on veut, en terre pendant plusieurs années pour y faire des cayeux qui servent à le propager.

Jacinthe musquée. Muscari. On plante cet oignon au mois d'octobre, à trois pouces de profondeur, et à quatre de distance l'un de l'autre. On ne cultive cette plante qu'à cause de son odeur. On peut laisser l'oignon en terre pendant plusieurs années ; car il ne craint point la gelée, et le relever au mois de juin et de juillet.

Lis blanc ou *commun.* Ses belles fleurs blanches et odorantes paroissent à la fin de juin. Ce lis, qui ne demande absolument d'autre soin que d'être placé au soleil en plein air, s'accommode de toutes sortes de terres, à moins qu'elles ne soient trop fortes. On peut y laisser les oignons trois ou quatre ans ; à cette époque, et seulement lorsque les feuilles sont desséchées, on les relève pour en

séparer les cayeux qu'il faut replanter
tout de suite, aussi-bien que les oignons,
sur-tout si l'on veut qu'ils fleurissent
l'année suivante, en observant de les
enfoncer de six pouces, attendu qu'ils
remontent naturellement.

Lis orangé. Cette plante est d'un
bel effet par l'éclat de ses fleurs grandes
et rouges orangées, qui paroissent en
juin, mais avant celles du lis blanc.

Lis bulbeux. On peut en laisser les
oignons plusieurs années en terre. Ce
n'est que lorsque les feuilles sont desséchées qu'on doit les relever et en séparer les cayeux, pour les replanter de
suite les uns et les autres.

Lis martagon du Canada. C'est une
très-belle plante, dont la racine bulbeuse et écailleuse, placée au nord en
plein air, et en terre de bruyère, la
seule qui lui convienne, pousse au printemps. Cet oignon doit rester trois ou
quatre ans en terre : alors on le relève
pour en séparer les cayeux.

On le multiplie encore, en détachant
les écailles qui le forment, et en les
plantant, toujours en terre de bruyère,
dans la même situation où elles étoient
en formant l'oignon. Il faut tenir ce
jeune plant à l'ombre, et l'arroser très-

médiocrement; il est prudent de le garantir des fortes gelées.

Il y a encore d'autres belles espèces ou variétés de martagons. Il leur faut une terre de bruyère, mêlée de terre franche. On les multiplie en séparant les cayeux en automne. Quoiqu'ils ne soient pas extrêmement délicats, cependant il est prudent de les couvrir l'hiver.

Morée de la Chine. Sa racine est tubéreuse; quoiqu'elle craigne les très-grands froids, cependant elle passe facilement les hivers ordinaires en pleine terre, où il suffira, pour l'y conserver, de la couvrir de litière sèche, à l'approche des fortes gelées. Cette plante y fleurit très-bien à la mi-juillet ou au commencement d'août. Il faut mettre cette plante à une exposition chaude, et l'entretenir dans une humidité raisonnable. On la multiplie par ses graines semées sur couche, et mieux par la séparation de ses pieds, qu'il faut faire en mars.

Morée à grandes fleurs. Toutes les morées se multiplient de graines ou d'éclat, elles sont d'orangerie, ne demandent pas d'autres soins que ceux donnés ordinairement aux plantes de cette température.

Narcisse des poëtes. La janette des comptoirs, oignon de la grosseur d'une tulipe, la terre commune y suffit. On en fait ordinairement des bordures. Il faut l'arroser, si le printemps est sec; car il fleuriroit difficilement. On peut le laisser plusieurs années en terre, où il se multiplie par ses cayeux.

Le narcisse de Constantinople, le narcisse de Chypre ne se cultivent pas en pleine terre; car ils sont susceptibles de la gelée. On les élève donc dans des carafes pleines d'eau, ou dans des pots. Si l'on se sert de ce dernier moyen, on peut mettre trois oignons dans un pot de neuf pouces de diamètre rempli de bonne terre ordinaire sans mélange de fumier. Il suffira qu'ils soient couverts de deux bons doigts de terre. On les arrose, et on les laisse à l'air jusqu'à ce qu'il gèle. On les retire alors dans une chambre exposée au midi, et on leur donne de l'air pendant une partie de la journée, si la gelée n'est pas assez forte pour entrer dans les maisons. Il n'est pas nécessaire qu'il y ait du feu dans la chambre où l'on mettra les pots; il suffit que la gelée n'y pénètre pas.

Jonquille. L'oignon, qui est petit et allongé, se plante en septembre sur le côté,

côté, le cul vers le midi, afin qu'il ne s'allonge pas, à trois pouces de profondeur et dans une bonne terre franche sans fumier. Si la terre ne lui convient pas, il s'allonge et dépérit sans presque fleurir la première année. L'extrémité des tiges se garnit, en avril, de plusieurs fleurs simples ou doubles d'un beau jaune, qui répandent une odeur agréable et forte. On laisse l'oignon environ trois ans en terre, et on le relève au mois de juin et de juillet pour en séparer les cayeux qui servent à le multiplier.

L'ornithogale pyramidal, appelé autrement *épi de lait, épi de la vierge.* On plante cet oignon en octobre ou novembre dans une bonne terre meuble : il dépérit dans celles qui sont fortes ou maigres. On le retire de terre au mois de juillet; il peut cependant y rester plusieurs années. Il se multiplie beaucoup dans une terre qui lui convient : il résiste à la gelée.

L'ornithogale à ombelles. Dame ou belle d'onze heures. Pendant environ quinze jours, ses fleurs s'ouvrent sur les onze heures, pour se refermer à trois, ce qui a fait appeler cet ornithogale, *dame* ou *belle d'onze heures :* on plante cet oignon, soit en massif, soit en bordure, au mois d'octobre, dans une terre ordinaire meuble, et à toute exposition, excepté à l'ombre. S'il reste en terre plusieurs années, il y formera des cayeux, qu'on relèvera en juillet : il ne craint point la gelée.

Pancratium maritime. Lis de Matthiole. Ses ressemblances avec le lis et le narcisse l'ont fait aussi appeler *lis-narcisse.* On le plante au mois d'octobre dans une terre légère sans fumier, et il fleurit en mai ou en juin ; l'exposition doit être au soleil. On relève cet oignon en juillet ou août ; il suffit de le couvrir dans les fortes gelées.

Perce-neige à bouquet ou *d'été.* On le plante en octobre. Les oignons laissés en terre, produisent des cayeux, qu'on ne doit séparer qu'en juillet. La perceneige réussit très-bien en terre ordinaire, et au soleil ; mais les fleurs durent plus long-temps à demi-ombre.

Renoncule semi-double, et *renoncule doublé,* ou *renoncule pivoine des jardiniers.* La racine de la semi-double, ainsi que celle de la renoncule, est une espèce de griffe composée de plusieurs pointes, d'où sortent de petits filets qui pompent les sucs de la terre, et qui nourrissent la plante. Il lui faut une terre substantielle, grasse, mais qui ne soit trop compacte. La terre bien labourée et bien unie, on trace au cordeau de petits sillons de quatre pouces en quatre pouces ; on place ensuite les griffes en échiquier, également à la distance de quatre pouces, et on les enfonce avec les doigts à la profondeur de deux pouces seulement; on les recouvre de la même terre avec le râteau, et on met par dessus deux ou trois doigts de terreau de fumier de cheval bien consommé. Cette derrière couverture empêche la terre de se plomber, et conserve l'humidité. Le véritable temps de la plantation est dans les premiers jours de décembre ; mais cette plantation exige bien des soins, pour se mettre à l'abri d'une gelée un peu forte, qui, survenant tout-à-coup, feroit périr le plant s'il en étoit atteint. Il faut, si le temps est à la gelée, les couvrir de paillassons toutes les nuits, et ne les lever qu'au moment du soleil. Il faut toujours donner un peu d'air pour éviter la moisissure qui les feroit périr. Une griffe de semi-double, bien nourrie, peut porter jusqu'à quinze ou dix-huit fleurs.

Quand les feuilles et les tiges de la

plante sont entièrement desséchées, par
un temps sec, on relève les griffes, on
les sépare, on les nettoie, et on les met
sécher à l'ombre; on les serre ensuite
dans un endroit sec. Les jardiniers appellent *gueules noires* les fleurs qui
n'ont qu'un petit nombre de pétales, et
qui montrent bien à découvert un gros
bouton noir, où sont attachés les étamines et les pistils.

Renoncule à feuilles d'aconit. Bouton-d'argent. Il faudra mettre, pendant
l'hiver, les pots dans l'orangerie, et les
humecter de temps en temps : lorsqu'ils
seront hors de la serre, les exposer au
soleil, et donner de l'eau à la plante.
Il lui faut une bonne terre, qui ne soit
ni trop forte ni trop légère; on peut la
mêler avec du terreau bien consommé.

Renoncule âcre. Bassinet; bouton-
d'or. La culture de cette plante vivace
est très-facile. Aussitôt qu'elle est dé-
fleurie, on peut séparer les pieds, les
placer à l'ombre, et les entretenir dans
une moyenne humidité; au mois d'octobre, on les remet dans le parterre.
Toute terre lui convient : elle ne craint
pas la gelée.

Renoncule rampante. Bassinet; pied
de coq; bouton d'or. Elle trace comme

les fraisiers, et chaque filet forme un petit tubercule d'où il sort une racine. Il faut donc couper la plus grande partie des filets, pour ne conserver que ceux qu'on veut élever. Toute terre et toute exposition lui conviennent, excepté celle du nord. Il lui faut de l'eau dans les sécheresses. Elle ne craint pas la gelée.

Safran. Safran oriental; des bouliques ou d'automne. Il suffit aux oignons que la terre ne soit ni fumée ni compacte, et qu'elle ne retienne pas trop l'humidité : on les y plante en juillet ou août, à trois pouces de distance les uns des autres, et à autant de profondeur, le plus ordinairement en bordure. En mai, on peut relever les oignons tous les trois ou quatre ans seulement, pour en séparer les cayeux; seul moyen de multiplier cette plante.

Safran printanier. Crocus des fleuristes. Oignon semblable au précédent, et qu'on plante dans les mêmes qualités de terre, en septembre ou octobre. En mai et juin, on relève les oignons et on sépare les cayeux ; en les laissant plusieurs années en terre, ils formeront de belles touffes.

Saxifrage granulée. Sanicle de montagne; casse pierre. Au mois de juillet, ou plus tard, les tiges et les feuilles tombent : c'est le moment pour la propager et la transplanter, en enlevant par croûtes la terre que ses feuilles couvroient auparavant. On divise ces croûtes, et on les replace toujours hors des atteintes d'un soleil ardent, et sur une terre substantielle, légère et bien ameublie, et aussi dans des pots, où elle réussit très-bien : on l'arrose dans les momens de sécheresse, au printemps.

Scille maritime. Son oignon prend un volume très-considérable. Il faut à la scille maritime une terre légère, sans engrais, mieux encore du sable de mer. Dans les climats froids, il faut la mettre en pots pour pouvoir lui faire passer l'hiver dans l'orangerie : on la multiplie par ses cayeux.

Scille agréable. Jacinthe de mai. L'oignon est de moyenne grosseur : on le plante en octobre ou novembre à trois doigts de profondeur, en plein air au soleil. Cette plante ne craint point la gelée, et se multiplie facilement par ses cayeux.

Scille d'Italie. Lis jacinthe des jardiniers. Elle peut être en pleine terre, et ne demande pas de très-grands soins.

Scille du Pérou, appelée improprement *jacinthe du Pérou*. Son oignon de médiocre grosseur doit être replanté, presqu'aussitôt qu'on en aura séparé les cayeux, dans une terre qui doit être légère, non fumée, et dans laquelle il faut l'enfoncer de quatre à cinq pouces, pour n'être pas surpris par une gelée imprévue. Il faut lui donner une bonne exposition, et sur-tout le bien couvrir pendant le froid : on peut la laisser en terre plusieurs années.

Tubéreuse. La tubéreuse simple ou double a besoin d'une culture soignée, pour donner ses fleurs dans le climat de Paris. Au commencement de février, et mieux plus tard, en mars, on met chacun de ces oignons dans un pot rempli de terre légère, substantielle et non fumée, qu'on place dans une couche, sous châssis, ou seulement sous cloches, avec la précaution de les couvrir de paillassons en cas de gelée très-redoutable pour cette plante. Lorsque les feuilles commencent à pousser, il faut arroser souvent, avec de l'eau tiédie par un séjour de quelque temps dans un endroit chaud. Il faut encore donner de l'air, en soulevant le châssis ou les cloches du côté du soleil, pendant qu'il brille;

enfin, lorsque la saison est devenue douce, on ôte tout à fait les cloches : les pots ne doivent quitter la couche, que lorsque les fleurs sont près de s'épanouir.

Tulipe cultivée. Leur beauté consiste dans la hauteur de la baguette, dans la forme du calice, qui doit être grand, large, sans être trop évasé, dans les nuances des couleurs, qui doivent être bien distinctes et bien coupées : on y recherche le brun et le noir. Il faut enfin que la tulipe ait trois couleurs bien marquées. Les tulipes se plantent dans une plate-bande de trois pieds de large, remplie d'une terre ni trop grasse ni trop maigre, et point humide ; car la tulipe n'aime pas l'humidité. On plante les oignons en octobre ou en novembre, et on les relève tous les ans au mois de juin ou de juillet, par un temps sec.

Tulipe, dite *duc de thol.* Cette tulipe est basse de tige, petite et pointue, elle est très-hâtive : on peut l'élever en pots ; et, quelquefois en février, ses fleurs très-odorantes peuvent orner et parfumer les appartemens. Comme la tulipe s'enfonce en terre, il est nécessaire de la relever tous les ans. L'exposition propre à la tulipe est celle du soleil en plein air.

Plantes d'agrément.

Pour avoir du plant de reprise facile, on en sème la graine en pots dont on laisse sécher la terre qu'on sépare ensuite avec un couteau, ensorte que chaque plant a sa motte de terre qu'on place à l'endroit destiné, et qu'on mouille ensuite un peu, afin de rendre la terre adhérente à celle de la motte, et de les joindre ensemble.

Il faut faire encore attention à ce que toutes les plantes repiquées nouvellement, en pots ou en pleine terre, doivent être abritées du soleil, au moins sept à huit jours. Il est toujours plus agréable de faire cette opération par un temps pluvieux ou couvert.

Acanthe sans épines. Branc-ursine d'Italie. On le multiplie par ses graines, ou par les œilletons qu'on sépare de sa racine.

Achillée dorée. Il faut une bonne terre ordinaire à cette plante, l'exposition au soleil, et la chaleur d'orangerie en hiver. Si on la laisse en pleine terre, il faut avoir soin de la garantir des gelées. On la multiplie par ses racines au mois d'octobre.

Achillée d'Égypte. Elle trace beaucoup : on la multiplie facilement par ses drageons enracinés, et ce moyen est plus sûr et beaucoup plus prompt que ne seroit celui des graines.

Cette plante résiste au froid, mais il est toujours prudent d'en avoir quelques pieds dans l'orangerie.

Achillée cotonneuse. Même culture et même moyens de multiplication que pour la précédente.

Achillée santoline. Il lui faut, ainsi qu'aux autres, une bonne exposition au soleil dans l'été, l'orangerie en hiver, ou la couvrir pendant les froids, si on la laisse en pleine terre.

Achillée millefeuille, simplement *millefeuille.* Herbe aux charpentiers. La millefeuille ne demande aucun soin et ne craint pas les gelées. Son nom lui vient de ce que ses feuilles sont tellement découpées, et si finement, qu'elle a l'air d'en avoir un très-grand nombre. On l'appelle herbe aux charpentiers, parce que ces ouvriers l'appliquent sur leurs blessures.

Agérat à fleurs bleues. Feuilles crénelées et obtuses au sommet : fleurs en bouquet et d'un bleu pâle. Cette plante annuelle, et de pleine terre, ne s'élève guère qu'à la hauteur d'un pied, et se multiplie par ses graines qu'on sème au printemps.

Alcée. Rose-tremière, rose d'outre-mer, passerose, rose de mer, rose de damas. Les variétés des couleurs de cette plante, sont le blanc, le soufre, le jaune, le cramoisi, le cerise, le rose, la couleur de chair, le rembruni. On en sème au printemps, en pleine terre, la graine qui doit avoir au moins deux ans. On en repique ensuite le plant en pépinière; on l'arrose pendant l'été, et on le met en place en octobre, il fleurit l'année suivante au mois d'août. Cette plante et les deux espèces suivantes, durent trois ans, mais il faut en semer tous les ans.

Alcée. Rose-trémière, ou passerose à feuilles de figuier. Variété de la précédente, dont elle ne diffère que par les profondes découpures de ses feuilles. Même culture.

Alcée. Rose-trémière de la Chine. Beaucoup plus basse que les précédentes; la couleur de la fleur est blanche, et le fond est pourpre.

Aloës de Bourbon. Fleurs pourpres en épi.

Aloës soccrotin. Fleurs rouges en épi.

Aloës à longues feuilles. Ses fleurs

durent près de trois semaines. Les aloës se reproduisent par les œilletons enracinés ou non, mais qui, dans le dernier cas, doivent rester quelques jours avant d'être mis en terre, pour donner à la plante le temps de se débarrasser d'un suc visqueux qui se mêlant à la terre, feroit périr les plantes. On les sépare vers la fin de mai, lorsque le temps est chaud : on les met séparément dans de grands pots remplis de terre médiocre, qu'il faut arroser prudemment. Ils ont cependant besoin d'un peu d'eau pendant l'hiver. Les œilletons bien conduits donneront fleur au bout de quatre ans. La serre d'orangerie leur suffit pour l'hiver.

Alysse saxatile, connu sous les noms de *Corbeille dorée* et de *Thlaspi jaune*. Plante presque rampante, dont les branches sont ligneuses, les feuilles d'un vert blanchâtre, et les fleurs d'un jaune d'or très-éclatant. L'alysse ne demande aucun soin, et ne craint point la gelée. On le multiplie en séparant ses racines, en couchant en terre ses branches, ou par la graine qu'on sème en pleine terre en automne ou au printemps.

Amaranthe à fleurs en queue. Discipline

pline de religieuses ; queue-de-renard. Plante annuelle, dont on sème la graine en pleine terre ; on repique la plante où l'on veut qu'elle fleurisse. Lorsqu'il y en a eu dans un jardin, on a de la peine à la détruire.

Amaranthe tricolore, appelée simplement tricolor. Cette plante annuelle, qu'on place dans les parterres avec les autres plantes d'automne, y produit un bel effet par la variété des couleurs de ses feuilles, qui sont coupées de vert, de jaune et de rouge ; ce qui lui a fait donner le surnom de *tricolor*.

Améthyste bleue. Plante annuelle, fort jolie, dont les fleurs ont une odeur assez agréable. On sème la graine au printemps, et on place ensuite le jeune plant au nord.

Ancolie des jardins. Gant de Notre-Dame. Plante vivace. Il faut semer les graines d'ancolie aussitôt leur maturité, autrement le plus grand nombre ne germeroit pas, et les autres ne lèveroient qu'au printemps suivant. Elles se sèment d'elles-mêmes aussi. On multiplie encore les ancolies par la séparation de leurs racines.

Ansérine à balais. Belvédère. Cette plante, qui ressemble assez au cyprès pyramidal, est annuelle, on la sème au printemps.

Apocyn, Gobe-mouche, ou du Canada.

Cet apocyn est surnommé *gobe-mouche,* parce que les mouches s'introduisant dans le fond de la fleur pour en sucer le miel, excitent par leur mouvement une contraction qui presse et retient leur trompe : plus elles remuent, plus la fleur reste serrée ; si elles restent tranquilles, la fleur s'ouvre alors, et les mouches sont délivrées. Cette plante est vivace, traçante et de pleine terre ; un moyen soleil lui convient mieux qu'une exposition en plein midi. On la multiplie de graine et en éclatant les pieds.

Apocyn maritime, qu'il faut élever dans un pot, afin de la serrer l'hiver dans l'orangerie ; l'exposition du midi lui est nécessaire. La multiplication est la même que pour la précédente.

Arum, Gobe-mouche. On le multiplie de graines, ou par la séparation de ses racines dans le temps de son repos, dont on profite pour changer sa terre. Il lui faut encore beaucoup d'eau et de chaleur pendant sa végétation, et une bonne orangerie pour l'hiver.

Arum Serpentaire, ou simplement *Serpentaire*. On le cultive soit dans un pot, où il réussit très-bien, afin de pouvoir le mettre l'hiver dans l'orangerie, soit en pleine terre, où il faut le placer à l'ombre; mais alors il faut le garnir de litière pendant les froids, et le découvrir dans les temps doux. Peu d'eau l'hiver.

Arum, Gouet, ou pied - de - veau commun. Cette plante se multiplie à l'infini par ses cayeux, souvent si petits, qu'ils échappent à la recherche.

Asclepias incarnat. Plante vivace et de pleine terre. On peut l'élever en pot, et il y réussit très-bien. On le multiplie de graine et par ses traces. On le place au soleil en plein terre : il lui faut une terre légère; celle de bruyère lui conviendroit mieux que toute autre. Arrosement ordinaire.

Aster, œil-de-Christ des jardiniers. Aster maritime. Aster à grandes fleurs. Aster à feuilles d'amandier. Aster à tige rouge. Aster de Sibérie. Aster géant. Aster pourpre. Aster de la Chine. Reine-Marguerite. Il y en a de doubles, de blanches, de gris-de-lin, de violettes, de panachées, de couleur de chair. On sème la graine

de cette espèce au printemps, sur couche ou simplement dans un terre mêlée
de terreau. On repique le plant quand
il est assez fort, et vers la fin de juillet
on le met en place.

Les asters, excepté la reine-marguerite, sont des plantes vivaces, qu'on
multiplie en séparant les racines en
automne, ce qu'il est à propos de faire
tous les trois ans. Ces plantes suppor-
tent facilement toutes les intempéries
de l'air; il faut leur mettre un fort tuteur et les y attacher : sans cette précaution, les grands vents ou les grosses
pluies les renverseroient.

Astragale. Queue de Renard. Ses
racines vivaces, ou sa graine, servent
à sa multiplication.

Astragale axillaire. Racines vivaces.
Même traitement que le précédent.

Astrance à larges feuilles, appelée
par les jardiniers, sanicle femelle. Cette
plante, à racines vivaces, se multiplie
de graine, ou de pieds éclatés en automne. Elle ne craint point la gelée,
et il est inutile de l'arroser l'été.

Balsamine. Impatiente. Ce genre
offre sept espèces.

Balsamine des jardins. On en sème
la graine au printemps, sur couche,

afin qu'elle lève plus promptement ;
on peut aussi la semer en pleine
terre bien labourée et bien ameublie,
et même dans du terreau ; par ce
moyen il se forme au pied de la plante
un fort chevelu qui la rend plus facile
à transplanter. On repique les jeunes
plants en pépinière, sur une couche
douce, ou dans une bonne terre ameublie par du terreau, et qu'il faut bien
labourer avant de les repiquer. Cette
plante forme un beau buisson. La balsamine aime l'eau et le soleil : elle est
sujette à une tache noire qui devient
intérieure, qui s'étend insensiblement,
et qui la fait périr. Il ne faut cueillir
que les graines de fleurs doubles.

Basilic commun, vert, violet, à
grandes et petites feuilles. Petit basilic.
On sème les graines en mars, sur couche chaude et sous cloche : lorsque
le plant est assez fort, on le repique
en pots, qu'on replace sur la couche à
l'ombre, et sans cloche, si le temps
est doux : lorsqu'il est repris, on l'expose au grand soleil, et on l'arrose
copieusement. Aussitôt que la fleur est
passée, la plante commence à dépérir ;
on continue les mêmes soins pour en
recueillir la graine.

Belle-de-nuit ordinaire. Faux-jalap.
Admirable ou merveille du Pérou.
Belle plante annuelle. Souvent elle se
sème d'elle-même par ses graines qui
tombent lorsqu'elles sont mûres : aussi
la fait-on lever dans des pots sur couche, en avril, et on la repique en place
quand elle est assez forte.

Belle-de-nuit à fleurs longues. Ses
fleurs sentent la fleur d'orange. Cette
plante est vivace ; mais comme elle
mûrit ses graines dans l'année, on la
sème tous les ans comme la première.

Benoîte des ruisseaux. Cette plante
veut une terre humide et une situation
à demi-ombragée. On sème les graines
aussitôt leur maturité, ou on éclate les
pieds en automne.

Bermudiène à fleurs bleues. Ses ra-
-cines sont bulbeuses, les feuilles ressemblent à celles des iris. Cette plante
vivace s'élève dans des pots, et on la
met dans l'orangerie pendant les gelées.
On la place dans l'été à un moyen soleil, on l'arrose souvent. Elle se multiplie aussi de graine.

Bétoine velue. Cette plante vivace
ne demande que la pleine terre un
peu fraîche, et plus d'ombre que de
soleil. On la multiplie de ses graines

semées en plate-bande, ou par l'éclat des racines.

Bétoine du Levant. Il faut l'élever dans un pot, et la serrer l'hiver dans l'orangerie.

Blète à tête et *Blète effilée*, ou épinard-fraise des jardiniers. Deux plantes annuelles du même genre, qui se multiplient souvent d'elles-mêmes. On en sème la graine au printemps dans une terre légère et en place, car ces plantes n'aiment point à être transplantées.

Broualle à tige basse. On sème la graine de cette plante au printemps, sur couche et sous cloche. Lorsque le plant devient fort, on le sépare, on le met dans des pots ou en pleine terre, mais à la grande exposition du midi. Une bonne terre et un arrosement ordinaire conviennent à cette plante.

Brunelle à feuilles d'hysope. Cette plante vivace se multiplie de graines ou de pieds séparés, et doit être élevée dans un pot, afin de la pouvoir mettre dans l'orangerie pendant l'hiver.

Brunelle odorante. Cette plante est annuelle, et se multiplie de graines qu'on sème sur couche. Elle demande bonne terre, arrosement ordinaire et exposition au midi.

Bétoine blanche à fruit noir. Navet-du-diable. Couleuvrée. Vigne blanche. La racine de cette plante vivace est une espèce de navet. Il y a une variété à fruit rouge et une à fruit noir.

On se sert de l'une et de l'autre pour garnir des murailles ou de petits berceaux qui sont exposés au soleil.

Bryone d'Abyssinie. Les bryones se multiplient par les tubercules qui se forment à la principale racine. Cette bryone, bien plus agréable que l'autre, craint la gelée; on doit donc l'élever dans un pot rempli d'une bonne terre légère. On place le pot au soleil du midi, et on l'arrose fréquemment. Il lui faut la serre d'orangerie pendant l'hiver.

Buglose de Virginie. La plante est rude au toucher, comme toutes les bu-gloses. Elle est vivace, et se multi-plie de graines ou de pieds éclatés. Il lui faut la terre de bruyère.

Bugrane à stipules blanches. Cette plante est annuelle, et se sème sur couche au printemps : il lui faut une terre ordinaire et l'exposition au soleil.

Bugrane très-élevée. Cette espèce, qui est vivace, se multiplie de graines qu'on sème au printemps, ou de pieds éclatés en automne. Elle ne craint point la gelée. Il lui faut une bonne terre et l'exposition en plein air.

Bugrane à queue de renard. Cette bugrane est annuelle ; on sème sa graine sur couche : on en repique le plant, on le met en pot ou en pleine terre, et on l'expose au plus grand soleil, il lui faut un arrosement ordinaire.

Buphthalme à grandes fleurs. Cette plante vivace aime une bonne terre substantielle et une bonne exposition : elle se propage aussi par la séparation de ses pieds au printemps.

Cactier serpentaire. Serpenteau ; queue de souris. On propage ce cactier en mettant en terre un de ses jets ou rameaux qu'on sépare, et dont on laisse sécher la plaie avant de le mettre dans de la terre un peu humectée, et qu'on n'arrose plus guère.

Cactier-raquette. Raquette ; opuncia ; figuier d'Inde ; nopal ; semelle du pape. Cette espèce, qui est assez commune, a plusieurs variétés à feuilles plus ou moins longues, plus ou moins épineuses. Mêmes moyens de multiplication et de conservation.

Calle d'Ethiopie. Pied de veau, ou arum d'Ethiopie. Il faut à cette plante, qui se multiplie de ses rejetons, une bonne terre qui ne soit pas très-compacte, et des arrosemens très-légers, car elle n'aime pas l'eau : le pot où on l'élève doit être mis en été au plus grand soleil, et en hiver dans l'orangerie.

Campanule des jardins. Campanule à feuilles de pêcher. Il y a la simple et la double, la blanche et la bleue. On ne cultive que celles qui sont à fleurs doubles. L'exposition la plus naturelle à cette plante vivace est le plein air : il lui faut une bonne terre; on la multiplie en séparant les œilletons qui se forment aux pieds. On ne l'arrose que dans les grandes sécheresses.

Campanule pyramidale. Pyramidale des jardiniers. On doit semer la graine de cette plante bisannuelle, qui est très-fine, aussitôt sa maturité, en août ou septembre, dans une terre douce et légère, et avoir soin de ne pas couvrir la semence. Au printemps, on met les pieds dans des pots exposés au grand soleil, et on les arrose beaucoup.

Campanule à grosses fleurs. Violette marine des jardiniers, plante bisannuelle, dont il faut semer les graines aussitôt leur maturité. Au printemps, on la repique à l'endroit où l'on veut qu'elle fleurisse.

Campanulle doucette. Miroir de Vénus : plante annuelle dont on sème la graine en place, en bordures ou autrement, au mois de mars, dans une terre meuble ; on peut en semer pour bordure.

Campanule gantelée. Gant de notre-dame : plante vivace dont la culture a varié les fleurs. Il est bon de la changer de place tous les ans, autrement elle s'altéreroit. On multiplie la double par la séparation des pieds en automne ou au printemps.

Casse du Maryland, plante vivace et de pleine terre, qu'il est à propos de couvrir, si la gelée devient trop forte : elle aime la terre de bruyère tenue un peu humide, et se plaît plus à l'ombre qu'au soleil. Cette plante se multiplie en séparant les racines en automne.

Célosie à crête. Amaranthe des jardiniers ; crête de coq ; passe velours. Cette plante annuelle se sème au mois de mars sur une couche chaude et sous cloche en pots. Lorsqu'on les transporte dans le parterre, il ne s'agit alors que de dépoter les plantes qui ne fatiguent en aucune manière. Une belle amaranthe est celle qui a une grosse tête bien garnie et bien veloutée, et dont la couleur est d'un beau cramoisi fin.

Centaurée odorante. Barbeau jaune; ambrette jaune: plante annuelle qu'on doit semer dès le mois de février, si la terre n'est pas gelée ou couverte de neige. On pourroit la semer dans des pots remplis de terreau bien consommé, placés dans l'orangerie; on repiqueroit les pieds dans d'autres pots, aussitôt qu'ils seroient assez forts pour souffrir cette opération; on place ensuite les plantes où l'on juge à propos. La semence du printemps est préférable.

Centaurée odorante. Barbeau jaune; fleur du grand seigneur. même culture. La culture a fait un grand nombre de variétés. On laisse le plant à l'endroit où il est poussé, car celui qu'on repique devient maigre, et ses fleurs sont plus petites; si le plant est trop dru, on l'éclaircit.

Centaurée de Montagne. Barbeau vivace des jardiniers, plante basse et vivace qui s'étale et qu'on multiplie en l'éclatant.

Centaurée jacée. Jacée: plante vivace et très-répandue; mais elle peut acquérir par la culture.

Céraiste

Céraiste cotoneux. Argentine ; oreille de souris, plante basse qui s'étale et trace beaucoup ; elle s'accommode de tous les terrains et de toutes les expositions, si elles ne sont pas trop ombragées : on la multiplie de graines, mieux encore de ses traces qu'on sépare en mars. On en peut faire des bordures.

Chenille vermiculée. Les graines de toutes les espèces de chenilles doivent être semées en avril, en terre substantielle et le long d'un mur à l'exposition du midi. En juillet, il succède à la fleur une cosse ou gousse couverte de poils, et ressemblante à une chenille roulée.

Chrysantéme des prés. Herbe de la Saint-Jean. Cette plante très-commune, est connue sous le nom de *grande marguerite*. On la multiplie par l'éclat de ses pieds.

Chrysanthéme des jardins. Il n'est délicat ni sur le choix des terrains ou des expositions, ni sur la température : on le multiplie de graines, ou en éclatant les pieds au printemps.

Chrysanthéme caréné. Espèce annuelle très-facile à cultiver : on la sème au printemps, en pleine terre, à l'endroit où l'on veut qu'elle fleurisse, en couvrant

ses graines d'un demi-doigt de terreau
bien consommé, ou mieux en pots et
sur couche pour être repiquée en place.

Chrysanthéme des Indes. Cette plante
vivace est peu difficile sur la qualité du
terrain. Elle n'a pas besoin d'abri contre
la rigueur du froid, elle demande l'exposition au soleil et l'arrosement ordinaire ; il faut la changer de place tous
les deux ans. La séparation des pieds
au printemps , et les boutures pendant
tout l'été , sont les seuls moyens em-
ployés jusqu'à présent pour la multiplier.

Chrysocome à feuilles de lin. Chevelure dorée. On multiplie cette plante
en séparant ses racines : il lui faut une
bonne terre et un soleil moyen.

Cinéraire maritime. Jacobée maritime. La pleine terre lui convient ; elle
y végète bien et y pousse des drageons
nombreux, dont on sépare quelques-
uns en automne , pour les mettre dans
l'orangerie. On la multiplie aussi de
boutures, de marcottes et de graines.

Cinéraire auriculée ou *bicolore.*
Cette plante herbacée est traitée comme
plante annuelle dans la serre, elle y
fleurit dès la première année , et y
mûrit ses graines. On la multiplie par

ses graines semées sur couche chaude, sous cloche ou sous châssis; on y repique également le plant, et quand la saison le permet, on donne de l'air pour y habituer la plante.

Coquelourde des jardins. La simple et la double sont toutes deux vivaces. La première se multiplie de graines, et la seconde de pieds éclatés; celle-ci mérite seule d'être cultivée. Il lui faut une bonne terre légère et que le terrain soit exposé au soleil. Pour la conserver, il faut la déplanter tous les ans, nettoyer les racines, et séparer les œilletons qu'un seul filet de racine suffit souvent pour faire reprendre.

Coquelourde rose du ciel, petite plante basse qu'on sème sur couche au printemps, et qu'on repique en place quand le plant est assez fort.

Coréopsis à oreilles, plante moyenne à qui toute terre et toute exposition conviennent, excepté le nord, et qu'on multiplie en éclatant les pieds en automne; comme la gelée et la grande humidité de l'hiver le font souvent périr, il en faut mettre quelques pieds en pots et en orangerie.

Crépis barbue, plante annuelle qu'on sème en mars ou avril sur couche, et qu'on repique dans des pots ou en pleine terre. Toute terre et toute exposition, excepté celle du nord, lui conviennent.

Crépis rose. Cette crépide est annuelle, on sème sa graine en place au printemps : elle n'est difficile ni sur le terrain ni sur l'exposition.

Cupidone bleue, plante vivace qu'on multiplie de pieds éclatés en automne, mieux au printemps, ou de semences mises en pots et repiquées en place, ou dans d'autres pots si on veut la retirer en orangerie pendant l'hiver. Cette plante ne demande qu'une terre et un arrosement ordinaires, mais une bonne exposition.

Cupidone à fleurs jaunes. Il est à propos de mettre cette espèce en bonne orangerie pendant l'hiver; même multiplication.

Cynoglosse argentée. Cette espèce est bisannuelle. On en sème la graine au printemps en pleine terre, et on repique le plant en bonne exposition.

Cynoglosse à feuilles de lin. Nombril de Vénus. Cette plante demande la même culture, elle est également annuelle.

Cynoglosse printannière. Omphalodes; petite consoude. Il faut la mettre à l'ombre en pleine terre : elle ne demande que de l'eau dans les sécheresses. Il faut la semer un peu dru, elle trace beaucoup, et fleurit où on l'a semée, car elle n'aime pas à être transplantée.

Digitale pourprée. Gantelée ; gant de Notre-Dame. On la sème au printemps ; on repique le plant à l'endroit destiné.

Digitale obscure. On la multiplie de graine, et on l'élève en pot pour la serrer l'hiver dans l'orangerie.

Digitale ferrugineuse. Elle est vivace et d'orangerie, mais pas plus délicate que la précédente, on la multiplie de graines qu'on sème aussi sur couche ; on l'élève en pot.

Dolique d'Egypte. Féve d'Egypte ou du Cap de Bonne-Espérance. Plante annuelle qu'on élève sur couche, dans un pot, et qu'on met à l'air, au grand soleil, quand la saison devient douce. Cette féve noire, bordée de blanc, est très-jolie.

Doronic. Plante vivace dont les racines tracent beaucoup et ne s'enfoncent guère en terre. Toutes sortes de terrains lui conviennent. Elle se multiplie si considérablement, qu'on est obligé de supprimer tous les ans, au printemps, une grande partie de ses traces.

Dracocéphale d'Autriche. Cette plante vivace se multiplie de graines qu'on sème au printemps en pleine terre.

Dracocéphale à grandes fleurs. Même culture que la précédente.

Echinope ou *Boulette azurée.* Cette plante est bisannuelle, se sème d'elle-même, et ne fleurit que la seconde année. Tout terrain lui convient, et l'exposition au soleil.

Ellébore. Rose de Noël ; pied de griffon. On les multiplie en automne, en séparant les racines qu'on laisse en place pendant plusieurs années.

Énothère à grandes fleurs. Herbes-aux-ânes ; onagre. Cette plante annuelle et de pleine terre, se multiplie de graines semées au printemps.

Énothère rose. Il lui faut l'orangerie pour l'hiver. On la multiplie par ses semences qu'elle répand autour d'elle en grande abondance, et qui fournissent du plant.

Epervière de Hongrie. Petite plante basse, vivace et traçante, qui demande une terre légère et de l'eau. On la multiplie par ses graines ou par l'éclat des œilletons. Il faut la couvrir dans les grands froids, et lorsque le temps est à la neige.

Ephémère de Virginie. Ses racines sont des griffes allongées, et qu'on sépare en octobre, lorsqu'on veut la multiplier. Cette plante se plaît dans une terre meuble, pas exposée au trop grand soleil, et ne craint pas la gelée.

Epilobe à épi. Laurier Saint-Antoine; osier fleuri. Plante vivace et qui trace beaucoup. On la multiplie par ses racines.

Epiméde des Alpes. Chapeau-d'Evêque. Cette plante vivace qui se multiplie par l'éclat de ses pieds en automne, aime mieux l'ombre que le grand soleil.

Erigère visqueuse. Seneçon à feuilles de paquerette. Plante vivace, à qui toute exposition et tout terrain conviennent. Elle se multiplie de semences ou de pieds éclatés.

Eupatoire chanvrin. Cette plante aquatique, qu'on multiplie en séparant les pieds, demande beaucoup d'eau et peu de soleil.

Fabago. Cette plante qu'on multiplie de graine ou de pieds éclatés, demande du soleil, et à être couverte pendant les gelées.

Ficoïde cristallin, appelé vulgairement *glaciale*. Ce ficoïde annuel, levé sur couche chaude et sous cloche, se met ensuite en pleine terre au plus grand soleil. Il mûrit ses graines qui servent à le multiplier.

Fragon piquant. Petit houx; houx-frelon. Arbuste qu'on trouve dans les bois, et qui se multiplie de rejetons.

Fraxinelle. Dictame blanc. Plante à racines vivaces, qui répand une odeur aromatique. La fraxinelle aime un terrain frais et le soleil. On la multiplie en séparant ses touffes en automne, ou en semant, aussitôt leur maturité, ses graines qui lèveront alors au printemps suivant.

Galane ou *Chélonne à épi.* Cette plante trace beaucoup, et se multiplie par la séparation de ses pieds en automne, mieux au printemps. Elle n'est point délicate. Une terre fraîche et humide, et une situation ombragée lui conviennent.

Galéga commun ou *Rue-de-chèvre.* Il y a deux variétés de cette plante vivace : l'une à fleurs blanches, l'autre à fleurs bleues. On les multiplie de graine ou de pieds éclatés. Ce dernier moyen est le plus prompt.

Gentiane (*petite*). Gentiane à grandes fleurs. Petite plante vivace, qu'on multiplie par ses drageons qu'on sépare en automne, ou par sa graine. Il lui faut une terre bruyère.

Géranium à bandes ; géranium musqué, géranium parfumé, géranium à odeur de rose ; géranium odorant, géranium triste ; géranium sanguin, géranium des prés ; géranium strié, géranium à grosses racines, géranium des grenouilles. Les géranium ou bec de grue, sont vivaces, et se multiplient par les séparations de leurs pieds, et très-facilement de boutures faites en été, qui souvent donnent fleurs aussitôt. L'hiver il faut les mettre à l'abri dans l'orangerie.

Germandrée à fleurs rouges. Chamédrys. Plante ligneuse qui conserve ses feuilles pendant l'hiver et se multiplie en séparant ses racines au printemps. Il lui faut une bonne terre, mêlée de terreau, et le soleil. On l'élève en pots, qu'on met pendant l'hiver dans l'orangerie.

Giroflée. La blanche, la violette, la rouge, sentent le girofle et se multiplient de graine. La jaune double sent la violette et se multiplie par le

moyen des boutures faites en mai, et
pas plus tard, pour en jouir dès l'année suivante. On en met plusieurs dans
un même pot rempli de terre bien
mêlée avec du terreau. On le tient à
l'ombre pendant quinze jours, et on
le mouille souvent par degrés; on les
expose au grand soleil, afin qu'elles
jettent plus vite leurs racines. Lorsqu'elles auront commencé à bien pousser, alors on les met en pleine terre
avec beaucoup d'arrosement. A la fin
du mois, on les met dans des pots, afin
de pouvoir les abriter des fortes gelées.
Des différentes espèces de giroflées
jaunes doubles, la plus belle est le ra-
meau-d'or, giroflée jaune simple, le
violier-ravenelle. Cette giroflée qui a
une très-bonne odeur, ne demande
aucun soin, si ce n'est d'en pincer les
extrémités afin qu'elle touffe davantage.

Les giroflées rouge et blanche se
sèment sur couche au printemps, ou
simplement dans du terreau. Lorsque
les plantes sont un peu fortes, on les
repique sur une couche à un pied et
demi de distance, dont le feu soit
presque passé. Elles y restent jusqu'au
mois de septembre, qu'elles commen-

cent à marquer ; on met alors les doubles dans des pots, et on ne conserve que quelques simples pour avoir de la graine. La serre où on les mettra doit être très-sèche et sans feu. On leur donne de l'air le plus souvent possible, et toujours au soleil. La giroflée blanche est plus délicate que la rouge.

Giroflée quarantaine ; giroflée de dix semaines. Cette giroflée annuelle se sème tous les ans sur couche, soit en mars, pour fleurir en juin, soit plus tard, pour ne donner qu'au mois d'août des fleurs qui durent jusqu'aux gelées, si l'on a soin de couper les rameaux à mesure qu'ils se fanent.

Giroflée de Mahon, julienne de Mahon. Jolie plante annuelle, basse, dont on peut faire de jolis gazons fleuris ou des bordures agréables. On en sème depuis mars jusqu'en août.

Globulaire commune. Cette plante se contente d'une terre médiocre ; on la multiplie en éclatant ses racines en automne : quand elle est en pot, il faut la serrer l'hiver dans l'orangerie.

Gnaphale de Virginie. Immortelle blanche. Immortelle d'Amérique. Tout terrain et sur-tout le soleil, conviennent à cette espèce vivace et traçante, qui se multiplie par ses drageons au printemps ou en automne.

Gnaphale oriental. Immortelle jaune, également vivace. Cette plante se multiplie de boutures, ou par les graines qu'on doit semer sur couche. On l'élève dans un pot pour la serrer l'hiver dans l'orangerie.

Gomphrène. Immortelle violette, appelée *globosa*, globuleuse. Cette plante annuelle, qu'il faut semer sur couche chaude et sous châssis ou sous cloches, passe la belle saison en pleine terre, où elle donne une grande quantité de fleurs violettes.

Haricot d'Espagne. Cette plante a besoin d'appui et d'une bonne exposition pour bien mûrir ses graines qui sont d'un joli violet semé de taches ou lignes plus foncées. Il y en a une variété à fleurs et graines blanches. On les plante le long des treillages au pied d'un mur au soleil.

Hélénie d'automne. Elle est vivace, se multiplie en séparant les racines en automne : tout terrain et toute exposition lui conviennent.

Héliotrope du Pérou. L'héliotrope se multiplie de graines, de marcottes et de boutures : on le sème au printemps
dans

dans une terre légère, et on couvre à peine la graine qu'il faut entretenir dans l'humidité. On peut aussi coucher les branches, ou les couper pour en faire des boutures qui reprennent facilement. Il faut absolument pendant l'hiver le mettre sous des châssis ; il lui faut très-peu d'eau en hiver, et un peu plus dans les chaleurs.

Ibéride de Perse. Thlaspi vivace des jardiniers. On propage cette plante par des boutures que l'on fait pendant tout l'été dans un pot à l'ombre, et qui s'enracinent assez facilement dans une terre douce et substantielle, l'hiver, temps de sa plus grande végétation : il faut rentrer cet arbrisseau dans l'orangerie.

Ibéride toujours verte. Cette ibéride qu'on propage de semences et de boutures, plus sûrement et plus facilement de marcottes, n'est point délicate sur le terrain ; et quoique sensible aux grands froids, cependant elle passe fort bien les hivers dans les jardins.

Ibéride de Crète. Thlaspi *ou* taraspic des jardiniers. Cette plante annuelle se sème au printemps dans des pots, car elle n'aime pas trop à être changée de place ; on met les pots en terre, et on les retire quand la fleur est passée.

Immortelle vulgaire ou *annuelle*. Il y en a des blanches, des violettes, des gris-de-lin, etc. On la sème clair et on place la graine en pleine terre, on éclaircit le plant. On peut encore semer la graine sur couche et par un temps de pluie, repiquer le plant quand il commence à être un peu fort.

Immortelle à grandes fleurs. Il lui faut en été une bonne exposition méridienne et l'orangerie, on la multiplie de boutures.

Immortelle éclatante. Elle demande les mêmes soins et la même culture.

Ipomée écarlate. Jasmin rouge de l'Inde; quamoclit écarlate. Il faut tous les ans au printemps semer quatre ou cinq graines de cette plante annuelle dans de petits pots pleins de terreau, qu'on met sur couche et sous cloche. Lorsque le plant est assez fort et a été habitué au plein air, on le dépote, et sans briser la motte, on le met en place près d'un mur, treillage ou berceau, mais au midi, pour qu'il puisse mûrir ses graines : elle vient des Indes.

Iris germanique, iris très-odorante, iris à odeur de sureau, iris panachée, iris variée, iris de Florence.

Celui-ci demande à être couvert dans les grands froids.

Iris de Suses, *iris tigrée*; *iris de Hollande*, *iris naine*. Chamæ - iris, très-jolie en bordures.

Iris puant. Iris gigot; glayeul puant.

Iris des marais. Glayeul des marais; belle plante qui croît dans les eaux ou les endroits humides du jardin.

Les iris aiment la terre fraîche, se multiplient toutes de graines qu'on sème en touffes ou en plates-bandes et plus promptement et mieux par la séparation des touffes en automne ou au printemps.

Julienne. Si le terrain est convenable à la julienne double, elle se multiplie avec une facilité étonnante, soit en éclatant les pieds, soit de boutures qu'on replante; trop d'humidité la fait quelquefois fondre avec sa fleur.

La julienne simple se sème de graine, et fleurit la seconde année : il y en a de blanches et de violettes. La bonne terre lui convient.

Lavatère à grandes fleurs, plante annuelle qu'on sème en mars et qui fleurit en juillet.

Liseron. Plante grimpante et annuelle, remarquable par ses fleurs évasées en entonnoir. On en sème à demeure les graines au mois d'avril, au pied d'un mur ou d'un treillage. Il y en a un grand nombre d'espèces.

Lobélie cardinale, ou *cardinale*. On la multiplie par ses graines qu'on sème presque sur-tout en automne, aussitôt leur maturité, dans une terre légère et à l'ombre : si l'on attendoit au printemps suivant, elles seroient un an sans lever ; mais plus sûrement, en séparant ses racines en automne. Cette plante délicate s'élève en pot, pour être dans l'orangerie pendant l'hiver.

Lotier cultivé. Petite plante annuelle, dont on sème la graine au printemps sur couche, et dont on élève les plants dans des pots.

Lotier de Saint-Jacques. Il est annuel et se cultive comme le précédent, mais il est plus beau.

Lunaire (grande), ou *bulbonac*. Plante bisannuelle, qu'on sème en pleine terre, au printemps ; elle fleurit l'année suivante ; elle croît même sans aucun soin, car elle se sème d'elle-même.

Lychnide de Calcédoine. Croix-de-Jérusalem : la simple et la double ; toutes deux vivaces. La première se multiplie de graines et de pieds éclatés. La double ne se multiplie qu'en séparant les racines au printemps. Une bonne terre et un moyen soleil leur conviennent.

Lychnide laciniée. Véronique des jardiniers. Plante à racines vivaces. On n'estime que la variété à fleurs doubles qu'on multiplie de boutures, ou par l'éclat des racines.

Lychnide visqueuse, appelée *bourbonnoise* par les jardiniers. Très-jolie plante qu'on multiplie en séparant les pieds quand la fleur est passée : elle ne craint pas le froid.

Lychnide dioïque. Jacée des jardiniers ; robinet. Plante qui se multiplie par l'éclat des pieds en automne. La variété à fleurs blanches doubles ne produit point d'œilletons : on ne la propage que de boutures, qui réussissent rarement. Il lui faut l'orangerie l'hiver.

Marguerite. Petite plante basse, vivace, qui offre plusieurs variétés négligées, et qu'on met ordinairement en bordure. On la multiplie par l'éclat de ses pieds.

Matricaire commune. La double, dont la fleur représente un gros bouton-d'argent, est seule à cultiver. On la multiplie de boutures, qui reprennent très-facilement, ou de pieds éclatés.

Mauve sauvage. Cette plante se sème en mars, elle fleurit la même année. Tout terrain et toute exposition lui conviennent.

Mauve frisée, remarquable par la singularité de son feuillage. Il lui faut même culture, les grands froids la font périr.

Millepertuis à grandes fleurs. Cette plante profite et dure même à l'ombre des arbres, quoiqu'une terre légère et une meilleure exposition lui conviennent. On la multiplie par ses graines semées sur couche au printemps, dont on met le jeune plant en place, et aussi de marcottes et de boutures.

Millepertuis à odeur de bouc. Celui-ci veut une terre légère et une bonne exposition, il se multiplie de même ; l'orangerie lui convient l'hiver.

Molène blattaire, plante bisannuelle qui se multiplie de graines, et à qui toute terre et toute exposition conviennent.

Il y a la variété à fleurs bleues qui se soigne et se multiplie de même.

Momordique vulgaire. Pomme de merveille. Au mois d'avril, on sème sur couche la graine de cette plante annuelle, ou en pleine terre à la mi-mai, au pied d'un treillage au grand soleil.

Monarde à fleurs rouges. Thé d'Oswego, plante aromatique et vivace, qui se plaît à l'ombre et qui aime l'eau. Il faut à chaque printemps, éclater ses pieds pour la multiplier, et la changer de place ou de terre. On peut en mettre quelques pieds l'hiver à l'abri dans l'orangerie.

Mufle de veau. Muflier; gueule de loup. Tout terrain et toute exposition conviennent à cette plante, qui se multiplie de boutures et de graines : il est même inutile d'en semer, car quand il y en a eu une fois dans un jardin , on en voit tous les ans de nouveaux pieds.

Muguet. Lis des vallées. Cette plante se propage abondamment par ses traces; on ne cultive avec soin que la variété à fleurs rouges et celle à fleurs doubles : on les plante à l'ombre en terre légère et de bruyère, et on les arrose dans les temps trop secs.

Nénuphar blanc. Lis d'étang, plateau blanc. Cette plante a la racine charnue , grosse, longue, rampante , qui croît naturellement sur le bord des eaux stagnantes.

Nénuphar bleu. Au mois de mai, on met sa racine fibreuse dans un pot rempli de terre tourbeuse qu'on plonge dans un baquet plein d'eau, en orangerie, ou en plein air au soleil, si le temps est chaud. Bientôt il poussera des feuilles, et des fleurs qui ne s'ouvrent qu'au soleil. Quand les feuilles sont fanées, on retire le pot de l'eau, et on le met dans un endroit sec à l'abri de la moindre gelée. On propage cette plante par les tubercules qui naissent des radicules supérieures, et qui bientôt se détachent de la racine mère qui se détruit.

Nigelle de Damas. Nielle à fleurs bleues; cheveux de Vénus; patte d'araignée. Plante annuelle qu'on sème en place en mars, avril et mai.

Nigelle de Crète. Toute-épice, également annuelle : elle se cultive comme la précédente.

Des Œillets.

Il y en a beaucoup de variétés de chaque espèce. Je ne dirai rien des espèces simples qu'on cultive pour la graine seulement, moyen d'avoir beaucoup de variétés. Voici les principaux à cultiver.

OEillet des fleuristes, œillet à épi, œillet des bois ; il faut l'étaler sur un treillage adapté à sa caisse.

OEillet mignardise. Sa variété à taches pourprées s'appelle mignardise couronnée. On en fait des bordures et on les multiplie par l'éclat des pieds, ou mieux en étalant bien une touffe, dont on couche les rameaux sur la terre ameublie ; on les assujettit et on les recouvre de bonne terre. Chaque branche prend racine.

OEillet de poète ; œillet barbu ; jalousie ; bouquet parfait ; bouquet tout fait ; œillet vivace, ou au moins trisannuel, qu'on sème au mois de mai ; on le repique en pleine terre, quand le plant est assez fort. On le propage aussi par l'éclat des pieds.

OEillet d'Espagne. Cet œillet se multiplie de pieds éclatés et de boutures. Il craint la neige et l'humidité pendant l'hiver.

OEillet de la Chine ou *de la régence.* Cet œillet bisannuel ne fleurit que la seconde année, comme l'œillet de poète.

OEillet deltoïde, annuel. Il faut le semer un peu dru en massif tous les ans.

Culture particulière des œillets.

Pour suivre l'ordre naturel dans la culture de l'œillet, je dirai que le vrai moyen d'en varier les espèces, est de le faire venir de semence : on le sème en pleine terre, sur couches, dans des pots ou baquets, en automne ou en mars ; si on sème en pleine terre, il faut couvrir la graine d'un peu de terreau sur couche ; le terreau suffit. Si on sème en pots, on les emplit dans le fond d'une bonne terre à potager, bien criblée, couverte d'un demi-doigt de terreau. On les y sème à claire-voie.

Les œillets de graine se plantent sur la fin du mois de mars, ou au commencement d'avril : ces jeunes plantes croissent jusqu'à l'année suivante sans donner de fleurs.

Lorsqu'ils ont passé l'hiver dans le premier état, ils pullulent au pied, et poussent des rejetons, du milieu de la plupart desquels s'élèvent des tiges qui produisent des fleurs, et d'autres qui ne servent que de marcottes.

Dans le mois de juin de l'année suivante de leur plantation, les œillets donnent des fleurs ; pour lors on les visite tous, et, s'il y en a qui soient beaux, on les marque afin de les marcotter ; c'est le moyen d'en multiplier les espèces.

De la manière et du temps de marcotter l'œillet.

A la fin de juin ou au commencement de juillet, quand les marcottes sont bien nourries, on marcotte les œillets qui en méritent la peine, avec un canif ou un couteau qui coupe net, et après avoir choisi entre les marcottes de l'œillet, celles dont les fanes sont les plus fermes et les plus belles. On fait une incision d'un pouce au plus de longueur au milieu du nœud le plus près du pied qu'il est possible, observant que l'entaille n'aille qu'à moitié, ou aux deux tiers tout au plus du nœud, et que depuis ce nœud jusqu'au pied il y ait assez d'étendue pour coucher et en former la marcotte.

On couche ensuite doucement cette marcotte, en la faisant obéir, de manière à la coucher sans se casser ; on la fixe avec un petit crochet, et on la soutient d'un autre petit bâton, si c'est en pleine terre ; en pots, les bords la soutiennent assez : puis ayant couvert

d'un peu de terreau la partie enterrée,
on l'arrose.

Les curieux se servent d'entonnoir
de fer-blanc pour les marcottes qui se
trouvent trop haut montées ; ils l'em-
plisent de terreau, dans lequel ils cou-
chent la marcotte, qu'ils soutiennent
d'un bâton, pour l'affermir ; puis , lorsqu'ils ont marcotté les œillets, ils ar-
rosent.

Si on a marcotté en pleine terre, il
faut, durant les trois premiers jours,
couvrir les marcottes pour les garantir
du soleil : si c'est en pots, on les met
à l'ombre.

Les marcottes doivent avoir pris racine vers le 8 et le 12 de septembre au
plus tard ; alors on les met en pots séparés ; pour celles qui n'ont poussé que de
petites fibres presque imperceptibles, il
faut mettre les pots où seront les marcottes dans une couche médiocrement
chaude.

Manière d'œilletonner les œillets.

L'œillet se perpétue encore d'œilletons : on considère le pied d'œillet
qu'on veut œilletonner, car ayant
choisi les œilletons les plus médio-
cres, on les coupe avec des ciseaux, à
deux

deux ou trois nœuds près du cœur, qui est l'endroit d'où sortent les feuilles, observant qu'il n'y en ait point davantage.

On fend ensuite l'œilleton en croix par la partie d'en bas de la tige, dans le nœud qui en est le plus proche; on conduit la fente jusqu'au second; et ayant coupé les extrémités des fanes jusqu'à trois doigts près du cœur, on laisse l'œilleton flétrir un peu au soleil, après quoi on le met tremper dans l'eau jusqu'à ce qu'il ait repris sa première vigueur.

Dans des pots remplis d'une terre à potager bien criblée, et couverte de deux pouces épais de terreau, on y fiche les œilletons jusqu'au second nœud; on presse la terre, afin qu'elle les tienne plus serrés, on arrose le plant, ce qui en facilite et avance la reprise.

On œilletonne les œillets dans le même temps qu'on les marcotte, et les œilletons restent ainsi jusqu'en septembre, qu'ils ont pris racines et qu'on les lève pour les empoter séparément.

De la terre propre aux œillets, et comment les y planter.

On compose une terre propre à l'œillet, avec un tiers de bonne terre à po-

tager, un tiers et demi de terreau de
couche, un tiers et demi de terre jaune;
on crible et on mêle bien le tout ensemble; ensuite on en remplit des pots
de terre de moyenne grandeur, toujours
plus larges par le haut que par le bas,
afin de dépoter plus facilement les
œillets. On foule la terre dans les pots
jusqu'à un doigt près du bord, puis on
les remplit de terreau.

La terre ainsi préparée, on lève adroitement la marcotte, on la sépare du
pied, en la coupant avec le couteau le
plus près possible de son origine; puis
on le place, après en avoir rogné l'extrémité des feuilles; ce travail se fait
toujours vers la fin de septembre.

Pour planter une marcotte comme il
faut, on fait un trou suffisamment profond au milieu du pot avec le doigt; on
y insère la marcotte, on presse la terre
contre la racine, puis on l'arrose; ensuite on met les pots à l'ombre pendant
dix ou douze jours, temps où le plant
doit être repris; ensuite on les porte
dans un endroit exposé au levant.

L'œillet n'étant pas beaucoup sujet
à être endommagé par les gelées, on
lui laisse essuyer les premières; il n'en
est que plus à l'épreuve dans la serre,

où les pots resteront jusqu'au printemps : au reste, tous les endroits à l'épreuve de l'air le plus froid leur suffiront.

Si l'hiver étoit doux, et que la terre des pots parût trop sèche, il seroit bon d'arroser légèrement les œillets avec de l'eau tirée récemment d'un puits.

Le temps de sortir les œillets de la serre n'est point prescrit, la durée de l'hiver la détermine. Il faut, quand on les sort, les accoutumer par degrés à se faire au grand air, puis au soleil; on coupe tout près du tronc les feuilles pourries ou gâtées.

Lorsque les œillets commencent à dardiller, on fiche à leurs pieds des baguettes pour les soutenir : on y attache les dards avec un jonc, à mesure qu'ils poussent. Un œillet dardille lorsqu'il pousse les tiges d'où naissent les fleurs, et ces tiges s'appellent *dards*.

Quelquefois un pied pousse des montans de toutes ses marcottes ; il faut en châtrer une partie en coupant le dard au second nœud.

On serfouit les œillets de temps en temps, et particulièrement lorsque la terre a fait croûte sur la superficie.

Les œillets dardillent souvent plus qu'on ne veut, et jettent de même des boutons; il faut, pour avoir de beaux œillets, abattre de ces boutons; autant qu'on le juge à propos; et sur-tout ôter ceux qui naissent opposés l'un à l'autre, et les plus proches du pied.

S'il y a des œillets qui crèvent, il faut lier le bouton et le fendre un peu du côté où il forme une manière de bosse; le bouton gros et court, est pour l'ordinaire sujet à crever.

Quand les œillets sont épanouis, il faut regarder si les feuilles y sont dans un bel ordre; sinon il faut peigner ceux qui l'exigeront; on peigne un œillet mal arrangé, en pliant les extrémités du haut du calice et rangeant dessus les feuilles de la fleur.

Pour peigner un œillet qui crève, on se sert d'un petit carton arrondi, percé au milieu, de diamètre convenable à la grosseur du calice de l'œillet; on place ce carton à l'extrémité d'en haut du calice, sous les feuilles de la fleur, qu'on arrange avec art; ce qui lui donne une forme fort agréable à la vue.

Les œillets se mettent rarement en pleine terre; ils s'élèvent bien mieux dans des pots que l'on place à volonté, qu'en pleine terre où on ne peut les garantir ni du soleil qui fait passer promptement la fleur, ni des pluies qui les gâtent ; en bel ordre et en amphi-théatre, ils se font admirer, sur-tout quand ils sont beaux.

Le vrai moyen d'avoir des œillets la plus grande partie de l'année, est de faire des marcottes en différens temps, depuis la fin de juin jusqu'au mois d'octobre ; selon qu'elles seront faites plutôt ou plus tard, elles fleuriront les premières dans le printemps, les se-condes en été, et les dernières dans l'automne : pour en avoir au milieu de l'hiver, on coupe les premiers montans.

Marques d'un bel œillet.

Un œillet passe pour être beau, lors-qu'il est large, garni de beaucoup de feuilles, et qu'il forme une espèce de petit dôme. Un œillet plat n'est point estimé, la belle largeur d'un œillet est de trois pouces sur neuf ou dix de tour : les plus gros en ont quatorze ou quinze.

On fait cas d'un œillet dont le blanc est net, et qui n'est point carné, lors-que ses feuilles sont unies en leurs bords et non découpées, qu'elles sont rondes et non pointues.

Plus un œillet est chargé de pana-ches, plus il est beau ; mais il faut qu'ils

y soient bien partagés, sans être im-
bibés.

Le panache le plus beau est celui
qui règne depuis la base jusqu'au bout
de la fleur. Ajoutez à toutes ces marques,
que, lorsqu'il a ses fleurs bien arran-
gées, on peut dire que c'est un œillet
parfait, et qui mérite qu'on le cultive.

Maladies des œillets.

L'œillet est sujet à la pourriture et
au blanc.

On empêche la pourriture en ne l'arrosant que raisonnablement : s'il commence à en être attaqué, il faut en
couper toute la partie malade jusqu'au
vif, et la couvrir d'une terre sèche et
légère.

Quant au blanc, on l'en préserve en
l'arrosant dans le besoin, et ne lui
donnant point une exposition nuisible :
il faut aussi le mettre à couvert des
brouillards.

Orobe printannier : plante vivace
par ses racines, dont on sème les graines
aussitôt après leur maturité ; le plant se
repique au printemps, et ne fleurit que
la seconde année.

Panicaut améthyste. Les vieux pieds
de cette plante vivace, qui ressemble à

un chardon, donnent des œilletons qu'on sépare en mars : si l'on sème, il faut le faire aussitôt la maturité des graines, parce qu'elles lèvent en mars suivant; en repiquant en place, il faut ménager la racine qui est pivotante.

Pavot des jardins. On sème en place et à la volée en automne, les graines de cette plante annuelle; au printemps, on arrache ce qui seroit de trop. En laissant mûrir les graines, ce pavot se semera de lui-même : il ne veut pas être transplanté.

Pavot de Tournefort; pavot oriental ou *du levant.* On sème la graine aussitôt la maturité, dans des pots pleins de bonne terre mêlée de terreau consommé, on les serre dans l'orangerie pendant le premier hiver : lorsque le plant est assez fort, on le repique en place; pendant les trois premières années, il ne pousse que des feuilles. La plante augmente tous les ans sa touffe, dont on peut arracher en automne ou au printemps quelques rejetons pour la multiplier, avec les précautions de ne pas l'en tirer, mais découvrir suffisamment le côté d'ou l'on veut prendre les rejetons.

Persicaire grande; persicaire ou

renouée du levant. Cette plante annuelle se sème en mars, sur couche et en terre bien ameublie et mêlée de terreau. On transplante le plant en motte, en terre substantielle et fraîche ; cette plante se sème souvent d'elle-même.

Pervenche grande ; pervenche petite. Ces espèces aiment les lieux frais et ombragés, où elles tracent considérablement : elles ne demandent que quelques arrosemens dans les grandes sécheresses ; elles ne craignent point le froid, et elles restent toujours vertes ; elles ont de fort longues tiges, les unes traînantes, et qui rejettent des racines, les autres droites ; on les fait grimper à volonté.

Phlomis tubéreux. Cette plante de pleine terre est vivace par ses racines : ce sont de petits tubercules qu'on sépare tous les trois ans pour la multiplier. On peut aussi l'élever de graines, et en pots ; mais il faut la tenir en orangerie pendant l'hiver.

Phlox divariqué, phlox blanc, phlox moyen ou *glabre, phlox vélu, phlox de la Caroline* ou *grand phlox, phlox paniculé, phlox maculé.*

Les phlox se multiplient par l'éclat des racines qu'il faut faire plutôt au printemps qu'en automne, et aussi de marcottes qu'on sépare au printemps suivant, ou de boutures qu'on fait en pot pendant l'été, et qu'il faut rentrer en orangerie, où on les entretient frais pendant l'hiver.

Phytolacca à dix étamines. Raisin d'Amérique : plante vivace à laquelle tout terrain convient ; mais comme elle monte beaucoup, il faut la planter le long de quelque mur en plein soleil ; et comme ses tiges meurent en automne , il faut dans le temps de gelée couvrir de paille l'endroit où elle est plantée. On la multiplie de semence plutôt que de pieds éclatés.

Pied d'alouette des jardins ou *annuel.* Il a une variété qu'on appelle *pied d'alouette julienne* ou *nain*, ou *pyramidal.* Il y en a à fleurs doubles ou simples, de bleues, de roses, de couleur de chair et même de blanches. On sème en place la graine de ces deux espèces annuelles en automne ou au commencement du printemps ; car cette plante ne veut pas être replantée.

Pied d'alouette vivace : plante de pleine terre qu'on multiplie en séparant les racines tous les deux ou trois ans.

Pivoine. Péone. Cette plante vivace se met en terre en automne , et ne fleurit

qu'au bout de deux ans : elle ne demande aucun soin.

Pois vivace à bouquets. Le pois
forme une racine pivotante qui reprend
difficilement , si on le transplante.
Il faut le semer le long d'un treillage
pour le soutenir en place au soleil, et
il fleurit au bout de trois ans.

Pois à odeur : pois qu'on sème annuellement en pot ou en pleine terre.

Polémonium bleu , ou valériane
grecque des jardiniers. Cette plante se
sème souvent d'elle-même , et se multiplie aussi par la séparation de ses
touffes. Il y a encore le *polémonium
rampant* dont les tiges sont traînantes
et se redressent : il se multiplie de
même, et fleurit au printemps.

Primevère commune : plante vivace.
On la sème en novembre ou en décembre, en pleine terre : on repique le
plant en bordure ou en massif, l'automne suivant. On multiplie aussi la
primevère par la séparation des pieds;
mais on n'obtient de variétés que par
la semence.

Primevère auricule. Oreille d'ours.
On ne peut obtenir de variétés de cette
plante que par le semis; et alors on
choisit les graines de sujets vigoureux,

et dont les fleurs aient des couleurs vives et veloutées. Lorsqu'elles sont défleuries, on les laisse au soleil, qui achève de mûrir les semences : en septembre ou octobre et novembre, on les répand sur des baquets presque plats et pleins de terre franche mêlée de terre légère et de terreau consommé : on les recouvre à peine. On met les baquets au levant; et dans les grands froids, ou pendant la neige, on les retire dans l'orangerie. Il faut les nettoyer des mauvaises herbes et les arroser au besoin. Le printemps suivant, on met le plant en plate-bande; et lors de la fleuraison, on choisit les variétés qui méritent d'être gardées : on les met en pots, et on les garantit contre le trop d'humidité, qui les feroit infailliblement pourrir, et contre la trop grande sécheresse, qui les empêche de produire des œilletons.

Pulmonaire de Virginie. Cette plante vivace s'accommode de tout terrain et de toute exposition un peu ombragée. On la multiplie par ses graines, mais plus promptement par les éclats qu'on en peut faire en automne.

Réséda odorant. Cette plante annuelle se sème au printemps, même en été, à bonne exposition. Quand on a semé la graine en pleine terre, on peut, quand le plant est de la hauteur du petit doigt, en repiquer plusieurs dans le même pot.

Ricin. Palma christi. On multiplie cette plante annuelle en semant sa graine au printemps, et en mettant en place le plant à bonne exposition lorsqu'il est en état.

Roseau panaché. Ruban. On élève ce roseau dans un pot, afin de le serrer l'hiver dans l'orangerie. On lui donne l'été beaucoup d'eau et de soleil, mais très-peu d'eau l'hiver. Il se multiplie en séparant les racines; mais souvent cette séparation en perd le pied et l'œilleton qu'on a éclaté.

Sain-foin d'Espagne : plante bisannuelle dont on sème la graine au printemps, dans une terre légère préparée avec du terreau, et dont on repique le plant dans une planche à part; on le met en place en automne, il fleurit au printemps suivant.

Salicaire commune : plante vivace qui se multiplie facilement de drageons enracinés.

Salicaire effilée : plante vivace comme

la précédente. On la multiplie de graines ou de pieds éclatés.

Saponaire : plante vivace qui offre une variété à fleurs simples et une à fleurs doubles. Elle trace beaucoup et se multiplie d'elle-même.

Sarrette très-élevée. Cette plante vivace est de pleine terre, on marque l'endroit où elle est pour la reconnoître. On la multiplie par la séparation des pieds tous les trois ou quatre ans.

Saxifrage cotylédone ou *pyramidale.* Sedum pyramidal des jardiniers. Avant d'être en état de fleurir, cette plante pousse des œilletons qu'on sépare tous les ans, et qu'on élève dans des pots; en grandissant, ils en donnent d'autres qui fleurissent au bout de trois ans; on met les pots dans l'orangerie pendant l'hiver.

Saxifrage ombreuse. Mignonette et amourette. Cette plante fait des bordures agréables.

Saxifrage géum. On la multiplie comme toutes les saxifrages, par des éclats faits en automne. Les saxifrages ne craignent pas la gelée.

Scabieuse. Fleur de veuve : plante bisannuelle qu'on sème au printemps;

elle ne demande aucun soin, souvent elle lève d'elle-même.

Séneçon d'Afrique ou *des Indes.* Jacobée. Cette plante annuelle se sème souvent d'elle-même ; mais on la multiplie plus sûrement des graines qu'on sème en mars ou avril, en bonne terre, mieux sur couche. Le jeune plant repiqué en place reprend facilement.

Silène attrape-mouche : plante annuelle qui se sème au printemps, sur couche ou en place, et qui réussit facilement.

Soleil grand. Soleil à grandes fleurs ; tournesol ; fleur *ou* couronne du soleil. Cette plante annuelle réussit très-bien sans soin ni culture ; on la sème sur couche ou sur place. Le plant reprend facilement aussi. Il y a le soleil vivace ou petit soleil, qui se multiplie par l'éclat de ses racines en automne ou au printemps.

Souci commun. Au printemps, ou sème la graine de cette plante annuelle ; ou en repique le plant qui reprend facilement.

Souci de la reine. Souci de Trianon ; souci anémone. Il se multiplie de graines, et n'est pas plus délicat que le souci commun. Si ou le met en orangerie l'hiver, il fleurira dès le mois d'avril.

Souci d'eau. Populage : plante vivace qu'on multiplie par la séparation de ses racines, qu'on met en pleine terre dans un lieu très-frais, ou dans un pot qu'on tient dans un vase toujours plein d'eau ; on l'en retire l'hiver et on le met dans l'orangerie : on sépare les racines en automne.

Spirée ulmaire. Reine des prés : plante à racines vivaces, dont il y a une variété à fleurs doubles : elles se multiplient par l'éclat de leurs racines.

Spirée à feuilles lobées. Reine des prés du Canada. Cette plante vivace veut l'ombre et la terre de bruyère, avec de fréquens arrosemens. On peut l'élever en pots, et la mettre l'hiver dans l'orangerie ; on la multiplie en séparant les pieds en automne.

Spirée filipendule. Des deux variétés de cette plante vivace, dont l'une a les fleurs simples et l'autre les fleurs doubles, on cultive de préférence la variété à fleurs doubles, qu'on multiplie en séparant les racines.

Spirée barbe de bouc ou *de chèvre* : plante vivace qui se plaît plus à l'ombre qu'au soleil et qui aime beaucoup l'eau :

on la multiplie par l'éclat de ses racines.

Spirée à trois feuilles. Cette plante se multiplie de même.

Statice à têtes. Gazon d'Olympe ; herbe à sept tiges : petite plante vivace dont on fait souvent des bordures. On la multiplie en séparant les pieds.

Statice crépue : plante vivace qu'on élève dans un pot rempli de bonne terre, et qu'on multiplie en séparant le pied. Il lui faut l'orangerie pendant l'hiver.

Stramoine ou *pomme épineuse d'Égypte.* Datura : plante annuelle dont on sème les graines en mars, sur couche chaude et sous cloche ; on repique les jeunes plants, dans des pots séparés, remplis de bonne terre mêlée de terreau consommé qu'il faut toujours tenir humide au très-grand soleil quand ils sont repris, ou on les remet aussitôt sur la couche pour hâter la fleuraison et faire mûrir les graines.

Tabac : plante annuelle et fort belle dont on peut cultiver quelques pieds par curiosité. On le sème en mars, on ne couvre pas trop les graines.

Tagétès étalé. OEillet d'Inde des jardiniers : plante qui a une odeur fétide comme l'œillet d'Inde ordinaire. On la sème au printemps, ou sur couche, ou dans du terreau, mais exposée au soleil. On repique les plants en pots jusqu'à ce qu'ils soient devenus grands : on les dépote pour les mettre en place.

Tagétès élevé. Rose d'inde des jardiniers, Plante annuelle, dont on sème le graine au printemps, sur couche, ou dans une terre bien terreautée. On repique le plant en place, quand il est en état.

Trachélie bleue. Herbe aux trachées. Petite plante basse, qui ne dure que deux ans, dont on sème la graine au printemps, et dont le plant se repique quand il est un peu fort ; on en conserve des pieds l'hiver dans l'orangerie.

Trompe d'éléphant. Plante annuelle assez curieuse, qui prend son nom de sa figure. On sème sa graine au printemps sur couche ; et quand le plant est assez fort, on le repique au soleil.

Tussilage odorant. Héliotrope d'hiver. Cette plante ne craint pas le froid, elle peut s'accommoder d'un terrain frais et d'un demi-soleil : il vaut cependant mieux la tenir dans des pots ;

on maîtrise sa racine traçante, et on a la faculté de transplanter la plante où on veut, pour jouir de son odeur. On la multiplie de ses racines et de boutures.

Valériane des jardiniers, valériane rouge, valériane des parterres. Plante vivace, dont il y a plusieurs variétés, qui ne demandent aucune culture, et qui souvent se sèment d'elles-mêmes. On multiplie ces valérianes ou par leurs graines, ou par la séparation de leurs pieds.

Vélar barbarée, herbe de Sainte-Barbe, julienne jaune des jardiniers. Plante dont on ne cultive que la variété à fleurs doubles, qui est vivace. On la multiplie de boutures faites pendant l'été, ou par la séparation de ses pieds en automne.

Verge-d'or. Cette plante vivace ne demande aucune culture, et se multiplie en séparant les pieds.

Violette odorante. Violette de mars. Il y a plusieurs variétés de cette plante, qui ne demande aucun soin ; il suffit de l'avoir placée dans un endroit frais, où le soleil ne donne pas trop. Elle se multiplie abondamment par les filets qu'elle jette de tous côtés, et qui s'enracinent promptement. La violette double a bien plus d'odeur que la simple.

Violette tricolore. Pensée. Cette plante annuelle qui ne demande aucun soin, se sème en automne et souvent d'elle-même.

Violette à grandes fleurs. Pensée vivace ou à grandes fleurs. On met cette plante en pleine terre, à l'ombre, où elle passe l'hiver sans danger; cependant on peut en mettre quelques pieds en pots dans l'orangerie. On la multiplie en divisant les pieds.

Yucca nain. L'yucca de pleine terre se multiplie par les œilletons enracinés qu'il pousse du pied, ou par les rejetons que peut produire son tronc, ou qu'on voit paroître à son sommet lorsqu'il a fleuri; il aime le soleil, et n'a besoin d'arrosemens que dans les sécheresses. Il faut en avoir quelques pieds dans l'orangerie pendant l'hiver, en cas d'accident.

Yucca à feuilles d'aloès. Cette espèce doit être en caisse pour pouvoir la mettre l'hiver dans l'orangerie. L'été, elle a besoin d'une bonne exposition et d'arrosemens. Sa culture et sa multiplication sont les mêmes.

Zinnia rouge. La brésine des jardiniers. Plante annuelle qu'on sème sur couche, et dont on repique le plant dès que les gelées ne sont plus à craindre.

Zinnia à fleurs roses. Il est annuel et vient du Pérou. On sème la graine de cette plante annuelle de bonne heure et en pots, sur couche ou sous châssis ; on repique le jeune plant sur couche pour l'avancer, et le remettre en pleine terre et au midi. Il faut en recueillir les graines avant que les fleurs soient entièrement fanées ; autrement ils pourroient se pourrir.

ARBRES ET ARBRISSEAUX.

La transplantation des arbres toujours verts, des arbres résineux, et des arbres ou arbustes de terre de bruyère, se fait dans le moment où la sève est déjà en mouvement, et par conséquent mieux au printemps qu'en automne.

Abricotier. Il n'est question ici que de deux variétés, l'une à fleurs doubles, l'autre à feuilles panachées, qui ne se propagent que par la greffe.

Acacia de Constantinople. Arbre de soie. Ses fleurs sont soyeuses et d'un très-beau jaune ; il fleurit en juin ou juillet, quand il est devenu grand. Il

se multiplie de graines semées au printemps, et on l'élève en pot pour le
mettre en hiver dans l'orangerie.

Acacia pudique. Sensitive. Plante
dont, au moindre attouchement, les
feuilles se rapprochent, et les rameaux
articulés fléchissent. On la sème en
avril, sur couche et sous châssis, où
il faut tenir la plante jusqu'à la maturité de ses graines.

Airelle anguleuse. Myrtile. Arbrisseau qu'on multiplie de graine qu'il faut
placer à l'ombre avec un arrosement
ordinaire, et à qui une bonne terre
de bruyère convient.

Alisier torminal. Alouchies des bois.

Alisier de Fontainebleau, *alisier
blanc*. Ces alisiers forment de grands
arbres de vingt-quatre pieds de hauteur.

Alisier – aubépin. Epine blanche;
aubépine. Il y en a une variété à fleurs
roses, et une autre à fleurs doubles
qui se greffent sur l'aubépine.

Alisier-azérolier. On en multiplie
les variétés de semence, ou de greffe
sur épine ou sur poirier.

Amandier à fleurs doubles. Arbrisseau de pleine terre qui se multiplie par le moyen de la greffe en écusson sur l'amandier ordinaire.

Amandier dit *de Perse*. Ce petit arbrisseau de pleine terre se multiplie par ses drageons.

Amandier-pêcher à fleurs doubles. Cet arbrisseau se cultive comme le pêcher ordinaire. On ne le taille que lorsque la fleur est passée, afin d'en jouir.

Anagyris ou *bois-puant*. Arbrisseau d'orangerie, qui se multiplie de graines sur couche. On doit l'élever dans un pot.

Andromède du Maryland. Cette plante qui se multiplie de marcottes, demande la terre de bruyère, de la fraîcheur, et l'exposition du nord.

Anthyllide argentée. Barbe-de-Jupiter. On multiplie cet arbrisseau de marcottes, de boutures et de drageons. Il lui faut une bonne terre, l'exposition au soleil, et l'hiver l'orangerie.

Arbousier ou *fraisier en arbre*. Il se multiplie de semences et de marcottes; il conserve toujours sa feuille et craint la gelée; l'hiver il faut le mettre dans l'orangerie et l'exposer à l'air toutes les fois qu'il y a de la douceur.

Armoise-Aurone. Citronnelle. Arbrisseau à odeur de citron, qu'on multiplie de graines semées aussitôt leur maturité, mais plus facilement par l'éclat des pieds en mars.

Aylante. Vernis du Japon. Grand et bel arbre, qu'on multiplie des rejettons de ses racines.

Azédarach. Lilas des Indes. Il y en a deux espèces, le grand et le petit; le grand se multiplie de graines; il ne mûrit que lorsqu'il est un peu fort. Il lui faut l'orangerie. Le petit plus délicat et toujours vert, doit être garanti du moindre froid. On le multiplie par l'éclat de ses racines, et mieux par ses graines, qu'il mûrit toujours, et qu'il faut semer tous les ans, au printemps, sur couche modérée pour être repiquées ensuite. Il demande la terre d'oranger.

Baguenaudier ordinaire. Arbrisseau de pleine terre. Il se multiplie de semences, de drageons et de boutures.

Bignone Catalpa. Grand arbre de pleine terre. On le multiplie de graines, de marcottes et de boutures. Il ne fleurit qu'au bout de six ou huit ans.

Bignone de Virginie. Jasmin de Virginie. On multiplie cet arbrisseau grimpant, d'éclats de pieds ou de boutures faites du bois de deux ans, en pleine terre tenue humide et en bonne exposition.

Bignone toujours verte. Jasmin odorant de la Caroline. On le multiplie de
semences : en le couvrant de litière et
de paillassons, il peut passer l'hiver en
pleine terre, où il doit être placé contre
un mur en bonne exposition. Il est
prudent d'en retirer quelques pots
dans l'orangerie.

Bonduc. Chicot. Grand arbrisseau
de pleine terre, qui se multiplie de
racines qu'on plante dans une bonne
terre, et il en sort un jet qui forme
l'arbrisseau.

Bouleau-merisier. Grand arbre de
pleine terre, qu'on multiplie promptement par la greffe sur le bouleau
commun.

Bruyère quaternée. On la sème annuellement, et on la lève avec une
assez grosse motte, pour la bien placer.

Bruyère en arbre. Elle s'élève en
tiges de quatre à cinq pieds. On peut
la mettre en pleine terre ; mais pendant l'hiver, il vaut mieux de la
tenir près des jours dans l'orangerie.

Bruyère herbacée. Cette bruyère
peut aller en pleine terre, mais sera
mieux dans l'orangerie. Il y a beaucoup d'autres espèces de bruyères.

Bugrande

Bugrande frutescente. Anonis, ou Ononis frutescente. Arbrisseau de pleine terre, qu'on multiplie de semences et de marcottes.

Bois toujours vert. Ses variétés sont le buis panaché en jaune ou en blanc, et le buis maculé. On les multiplie de boutures.

Buis à bordures. On le propage par les éclats ou les boutures. On ne l'emploie plus guère à faire des bordures.

Buplèvre. Oreille de lièvre. Arbrisseau de pleine terre, qui conserve ses feuilles pendant l'hiver. On le multiplie de semences et de marcottes.

Calycanthe de la Caroline. Pompadoura. Arbre aux anémones. Grand arbrisseau qui se multiplie de l'éclat de ses racines ou de marcottes qui prennent assez difficilement. Il se plaît en plein air, mieux à l'ombre qu'au soleil, et dans un bon terrain frais, ou plutôt dans la terre de bruyère.

Camélée à trois coques. Arbrisseau toujours vert, qu'on multiplie de graines, qu'il faut semer sur couche : on élève cet arbuste en pot, afin de le serrer l'hiver dans l'orangerie.

Câprier commun. Le câprier se mul-

tiplie de marcottes et de semences,
mais plus facilement de marcottes.

Carmantine en arbre. Noyer de
Ceylan; noyer des Indes. Grand arbrisseau qui conserve ses feuilles pendant l'hiver, qu'on ne doit élever qu'en
pot ou en caisse, afin de le mettre
dans l'orangerie aussitôt que les froids
commencent, car il craint les moin-
dres gelées.

Caroubier à siliques. Pain-de-Saint-
Jean. Cet arbre toujours vert est de
moyenne grandeur, et se multiplie de
marcottes et de semences qu'on élève
sur couche. On le met l'hiver dans la
serre d'orangerie.

Casse de Buenos-Ayres. Cet arbrisseau se multiplie de graine qu'il faut
semer sur couche. On l'élève en pot,
pour le serrer en orangerie, quoiqu'on
puisse en risquer en pleine terre, à
bonne exposition.

Cerisier à fleurs doubles. On le
greffe sur le cerisier ou le merisier.

Cerisier odorant. Arbre *ou bois de*
Sainte-Lucie. Arbre moyen, qui aime
une bonne terre, et toute exposition,
excepté l'ombre. On le multiplie de
semences, de marcottes, et par la
greffe sur le merisier.

Cerisier du Canada. Ragouminier. Cet arbuste se multiplie par les marcottes, au printemps, ou par la greffe sur prunier.

Cerisier-laurier de Portugal. Azarero. Grand arbrisseau toujours vert, qu'on élève en pots ou caisses, pour le serrer l'hiver dans l'orangerie. On le multiplie de semences, de marcottes et de boutures.

Cerisier-laurier-cerise. Laurier-amandier. Grand arbrisseau toujours vert, qui doit être au nord, au pied d'un mur, et qu'on multiplie en le greffant sur franc. Dans les fortes gelées, on l'enveloppe de paille.

Chêne. Il n'est pas question dans cet ouvrage, des arbres forestiers.

Chèvrefeuille des jardins. Cet arbuste, sarmenteux et grimpant de sa nature, devient par l'art un arbrisseau à tige, dont on arrondit la tête au ciseau.

Chèvrefeuille toujours vert (semper virens). Il y a plusieurs espèces de chèvrefeuilles qui se multiplient toutes de drageons ou de marcottes.

Chionanthe de Virginie. Arbre-de-neige. Cet arbrisseau se greffe sur le frêne, et il veut un bon terrain humide, et pas le grand soleil.

Ciste à feuilles de laurier. Arbuste toujours vert, qui se multiplie de semences.

Ciste à feuilles de peuplier, ciste ladanifère. Celui-ci et le précédent se multiplient par marcottes et boutures. Les cistes veulent la serre d'orangerie pendant l'hiver.

Clématite à fleurs bleues, à fleurs doubles. Il ne faut cultiver que cette dernière. Plante sarmenteuse et grimpante, qu'on multiplie en séparant ses racines avec précaution, car cette plante n'aime pas à être remuée.

Clématite odorante. Elle est également sarmenteuse.

Clématite à feuilles simples. On la multiplie par la séparation des pieds en automne. Le moyen de la graine est long et moins sûr.

Cléthra à feuilles d'aulne. Cet arbrisseau de pleine terre, qu'on multiplie de semences tirées du pays, ou de marcottes qu'on sépare la deuxième année, demande l'exposition du nord et la terre de bruyère ; il fleurit au mois d'août.

Conyse glutineuse. Cet arbrisseau toujours vert se multiplie de marcottes et de graines, qu'on sème sur couche et sous cloches au printemps : on l'élève dans un pot, pour le mettre dans l'orangerie pendant l'hiver.

Cornouillier - sanguin. Il y a plusieurs espèces et variétés de cornouillier, qui toutes se multiplient de semences, de marcottes, de traces, ou par la greffe sur franc.

Coronille des jardins. Sécuridaca des jardiniers : arbrisseau de pleine terre qu'on multiplie de graines et de drageons enracinés.

Coronille glauque. Joli arbrisseau d'orangerie, qu'on multiplie de graines qu'il faut semer sur couche, et qu'on élève dans des pots, afin de pouvoir le serrer pendant l'hiver.

Cyprès commun. Il y a deux variétés de cet arbre toujours vert, on les multiplie par les semences, et on les élève à l'ombre dans une mauvaise terre.

Cyprès à feuilles d'acacia. Cet arbre se plaît dans les terres fraîches et près des eaux vives : on le multiplie de graines semées au printemps dans la terre de bruyère : on en met le jeune plant à l'abri pendant l'hiver, et on ne doit le placer à l'ombre en pleine terre, que lorsqu'il a deux ans.

Cytise des Alpes. Aubours. Faux-
ébénier, il a une variété à larges feuilles, appelée ébénier odorant, on le
greffe sur le précédent.

Cytise à feuilles sessiles, ou *trifolium des jardiniers*, *cytise velu* : les
cytises se multiplient de graines et de
marcottes.

Embothrium à feuilles de saule,
joli arbrisseau qu'on propage de boutures faites en mars ou avril, sur couche
chaude et sous châssis. Il lui faut la terre
de bruyère et une bonne orangerie pour
l'hiver.

Érable. Cet arbre offre un grand
nombre de variétés qu'on multiplie
de marcottes, ou par la greffe sur franc.
Les érables s'accommodent de toutes
sortes de terrains.

Févier d'Amérique. Acacia triacanthos, appelé triacanthos par les jardiniers. Bel arbre de pleine terre, qui aime
une bonne terre et pas trop de soleil : on
le multiplie des rejetons que poussent
ses racines, ou de graines semées sur
couche.

Frêne commun. Il y a beaucoup de
variétés de frêne, parmi lesquelles on
distingue le frêne jaspé, le frêne doré,
le frêne à feuilles panachées, le frêne

pendant, pleureur ou parasol, qui toutes se propagent par la greffe sur le frêne commun.

Fusain commun, ou *bonnet de prêtre*, arbrisseau qui se multiplie de semences, de marcottes et de drageons. Tout terrain lui convient.

Gainier commun, arbre de Judée. Arbre moyen, de pleine terre, qu'on multiplie de graines semées en pleine terre au printemps.

Galé-piment-royal, petit arbrisseau cultivé à cause de ses feuilles et de son bois : on le multiplie par ses drageons, ou par le moyen des marcottes.

Galé-cirier. Cirier, arbre à la cire ; cirier de la Louisiane : on le multiplie de marcottes ou de graines, il aime une terre de bruyère ou sablonneuse, humide. Il lui faut l'orangerie l'hiver.

Gatillier commun. Agnus castus. Cet arbrisseau et ses variétés distinguées se multiplient par les semences, les marcottes et les boutures. Les *agnus castus* étrangers doivent être serrés l'hiver dans l'orangerie.

Genêt d'Espagne, arbrisseau qu'on multiplie de semences ; pour réussir, il faut élever les jeunes plants dans des pots, serrés l'hiver dans l'orangerie ; et au printemps les mettre en pleine terre au soleil.

Genêt à balai. Celui-ci n'est pas plus difficile sur le terrain, ni sensible au froid.

Genévrier-cèdre des Bermudes. Cèdre des Bermudes. *Genévrier-cèdre de Virginie. Genévrier-sabine*, simplement *sabine.* Arbrisseau toujours vert, qu'on multiplie de boutures ou de marcottes à l'ombre, dans une terre médiocre. Toutes ces espèces se multiplient de graines qu'on élève à l'ombre, ainsi que le plant qu'il est prudent de ne mettre en pleine terre qu'au bout de deux ou trois ans.

Gnidia à feuilles opposées. Cet arbrisseau aime la terre de bruyère, et se multiplie assez facilement de boutures prises sur de tendres rameaux, et faites en avril, à l'ombre et sur couche modérée; l'hiver il lui faut la serre tempérée.

Gortérie à grandes fleurs. Cette plante se multiplie en séparant ses racines lorsque la fleur est passée; elle prend aussi de boutures, en séparant un œilleton; mais le plus sûr moyen est de coucher les branches au printemps, et de les séparer au mois de sepjembre. On l'élève dans un pot qu'on place au soleil, et qu'on rentre dans l'orangerie l'hiver.

Grenadier commun. C'est le grenadier à fleurs doubles. Pour lui en faire produire une plus grande quantité, il faut avoir soin de couper, avec les ongles, les pointes de toutes les nouvelles pousses. On le multiplie par ses drageons ou par des marcottes qu'on fait en serrant le bas d'une branche avec un fil de fer ; on enferme cette partie dans un pot soutenu rempli de bonne terre meuble ; par le moyen de la ligature, il se forme un bourrelet d'où il sort des racines, et à la fin de l'été, la branche est en état d'être sevrée, pourvu qu'on ait entretenu la terre dans une très-grande humidité ; on l'élève dans une caisse qu'on met l'hiver dans une serre d'orangerie, et qu'on expose l'été au très-grand soleil. Il lui faut de fréquens arrosemens.

Il y a une variété à fleurs simples et blanches, qu'on multiplie de boutures, rejetons ou marcottes, et qui se plaît dans la terre de bruyère mêlée de terreau, de feuilles et de fumier bien consommés : il lui faut aussi l'orangerie l'hiver.

Grenadille. Passiflore, fleur de la passion. Toutes les grenadilles dont il y a plusieurs variétés, sont des arbrisseaux sarmenteux munis d'une infinité de vrilles, qui accrochent ce qui les environne. On les multiplie de marcottes et de drageons qui s'enracinent aux pieds.

Halésie à quatre ailes. Arbrisseau qu'on multiplie par ses graines ou par marcottes qu'il ne faut lever que la troisième année. Il lui faut la terre de bruyère et peu de soleil.

Hamamelis de Virginie. Arbrisseau qui se plaît dans un terrain léger et ombragé, et qu'on multiplie de graine qu'on sème dans la terre de bruyère.

Haricot caracolla. Il faut l'élever en pot, afin de le rentrer dans l'orangerie avant que le froid ne se fasse sentir. Il se multiplie assez facilement de marcottes ou de boutures.

Hêtre à feuilles pourpres, hêtre à feuilles cuivrées. Ces deux variétés du hêtre qui peuvent faire ornement, prennent très-difficilement de boutures ou de marcottes, on les propage par la greffe sur le hêtre commun.

Hortensia du Japon. Rose du Japon. Arbuste dont les têtes rassemblées sont composées d'un nombre infini de fleurs inodores, très-semblables à celles du viorne boule-de-neige, mais plus grandes. Cet arbuste qui n'est pas difficile sur le terrain, s'accommode mieux de la terre de bruyère pure, ou d'une terre franche mêlée de terreau de feuilles : il faut le tenir à l'exposition du nord, et dans une humidité continuelle et raisonnable : on le multiplie de marcottes et de boutures qu'on fait pendant l'été, sur couches chaudes ou sous châssis. L'hortensia ne craint pas la rigueur de l'hiver, il peut le passer en pleine terre. On hâte la floraison de cet arbuste en le conduisant comme les rosiers.

Houx commun. De toutes les variétés de cet arbrisseau toujours vert et de pleine terre, on ne voit cultiver dans les jardins que ceux qui sont panachés en blanc, violet ou jaune ; on multiplie ces espèces panachées par le moyen de la greffe.

Hydrangée de Virginie. Arbuste de pleine terre qu'on multiplie de marcottes ou de drageons.

If commun. Arbre toujours vert, qu'on entremêle avec les autres arbres verts : on le multiplie de marcottes, de boutures et de semences : peu difficile sur le terrain, il s'accommode mieux d'un bon fond un peu frais.

Itée de Virginie. Arbrisseau qu'on peut élever dans une bonne terre légère tenue humide; il préfère l'ombre au soleil, et la terre de bruyère à toute autre : il se multiplie par ses rejetons.

Jasmin jaune ou *à feuilles de cytise.* Arbrisseau qui porte une petite fleur jaune sans odeur.

Jasmin blanc ordinaire. En le tondant souvent, et lui donnant beaucoup d'eau, il donnera pendant long-temps une grande quantité de fleurs très-odorantes.

Jasmin d'Italie. Arbrisseau de pleine terre, qui se multiplie de rejetons, et par couchage de ses branches, comme les deux premières espèces.

Jasmin jonquille. On laisse en pot ou en caisse cet arbrisseau qui fleurit une grande partie de l'année, afin de le serrer pendant l'hiver : on le multiplie de graines ou de marcottes.

Jasmin d'Espagne. Ce jasmin se greffe sur le jasmin commun, il veut la serre pendant l'hiver : au printemps on le taille à trois ou quatre yeux.

Jasmin des Açores, qui paroît au mois de septembre; sa fleur a une odeur très-suave;

très-suave; il lui faut la serre d'orangerie : on le multiplie de marcottes.

Jusquiame dorée. Arbrisseau qu'on
multiplie de semences et à qui il faut
une terre d'oranger, et un grand soleil : on le tient dans un pot, afin de le
serrer l'hiver dans l'orangerie : il ne
dure que quatre ans.

Kalmie à larges feuilles. Arbrisseau
de pleine terre et toujours vert : la terre
de bruyère est la seule qui lui convienne : on le multiplie de boutures,
mieux de marcottes. Il y a aussi le kalmie à feuilles étroites qui demande la
même culture.

Ketmie des jardins. Althæa frutex
des jardiniers. Arbrisseau de pleine
terre, qu'on multiplie de graines qui,
au bout de trois ans, donnent des fleurs.
Toute terre et toute exposition lui conviennent, mais il réussit mieux au soleil; sa variété à fleurs doubles, et une
autre à feuilles panachées se multiplient par les greffes.

Lauréole - bois - gentil. Bois - joli;
Mézéron. On multiplie cet arbuste en
mettant en terre son fruit aussitôt qu'il
tombe avec la pulpe : il fleurit au bout
de six ans.

Lauréole odorante. Thymélée des

Alpes. Arbuste qui s'accommode du terreau bien consommé, mais qui préfère la terre de bruyère tenue fraîche, et l'exposition du nord : on le multiplie de graines semées à l'ombre; mais plus sûrement de marcottes qui prennent racines dans l'année, et qu'il faut transplanter en grosse motte.

Lauréole de la Chine. Cet arbrisseau à feuilles toujours vertes, se cultive comme les précédens, mais doit être serré en orangerie pendant l'hiver.

Lauréole à feuilles de citron. Arbrisseau de pleine terre toujours vert, qui demande une terre substantielle, mais légère et un peu d'ombre. On le propage de semences ou de boutures.

Laurier franc ou *commun* : grand arbuste toujours vert, qu'on multiplie de semences et de marcottes. Il lui faut l'orangerie en hiver, ou l'empailler.

Laurier rouge. Laurier de Bourbon : arbrisseau d'orangerie qui conserve ses feuilles pendant l'hiver, et qu'on multiplie par ses graines qui viennent de l'Amérique.

Laurier-sassafras. Cet arbre veut une terre légère et l'ombre : on le multiplie de graine qu'on sème dans la terre de bruyère.

Laurier-rose ou *laurose commun.* Cet arbrisseau demande beaucoup d'eau et de soleil en été, et l'orangerie en hiver. Il vient d'Espagne et du Levant : on le multiplie de graines et de marcottes. Il a une variété à fleurs blanches.

Laurier - rose à bouquets. C'est le plus petit de tous, et aussi le plus délicat.

Lède à larges feuilles. Thé du Labrador. Il faut une terre de bruyère et l'exposition du nord à cet arbrisseau : on le multiplie de marcottes et de rejetons.

Lierre. Il se multiplie de semences et de marcottes. Il y en a une espèce grimpante, à feuilles panachées, qui se multiplie de même.

Lilas commun. Arbrisseau charmant qu'on élève en buisson ou en tige.

Lilas ou *Agem de Perse.* Il a une variété à feuilles lacinées, appelée lilas à feuilles de persil, une autre à fleurs blanches.

Les lilas sont très-faciles à cultiver : on les multiplie de marcottes, de drageons ou de semences ; ils viennent dans toutes sortes de terres et à toutes expositions.

Luzerne en arbre. Joli arbrisseau

qu'on élève dans un pot, afin de le serrer l'hiver dans l'orangerie : on le multiplie de semences , de marcottes et de
boutures.

Lyciet à feuilles étroites ou *Jasmi-
noïde.* Il est très-propre pour garnir des
treillages au soleil : on le multiplie de
drageons qui poussent en abondance à
ses pieds.

Magnolia à grandes fleurs. Laurier-
tulipier. Ce bel arbre qui se plaît à
l'ombre , demande une terre fran -
che, mêlée de sable noirâtre ou de
bruyère, et on le serre l'hiver dans l'o-
rangerie : il se multiplie de semences
ou par les marcottes qu'il faut bien laisser enraciner.

Melaleuca à feuilles de millepertuis.
On multiplie de boutures ce joli arbrisseau , qui demande la terre de
bruyère pure ou mélangée de terre
franche, mais entretenue dans une certaine humidité ; l'hiver il lui faut l'o-
rangerie.

*Mélianthe pyramidal; Pimprenelle
d'Afrique.* Arbrisseau d'orangerie ,
qu'on multiplie par ses drageons.

Micocoulier. Celtis commun. On
multiplie par la semence et par la greffe
celui du levant et celui du couchant.

Millepertuis en arbre. Petit arbuste de pleine terre, à qui tout terrain et toute exposition conviennent, et qui se multiplie de semences. ou par l'éclat des racines.

Mimule orangé. Cet arbuste se multiplie de boutures, et demande l'orangerie l'hiver, et une terre entretenue suffisamment humide.

Mogori-Sambac. Jasmin d'Arabie, arbrisseau qu'on multiplie de boutures.

Mollé. Poivrier du Pérou ou d'Espagne. Arbre singulier d'orangerie où il faut le rentrer de bonne heure : on le multiplie de marcottes, plus facilement de boutures faites en avril, sur couche chaude et sous cloche, à l'ombre.

Morelle - faux - piment. Amomum : cerisette. Petit arbrisseau d'orangerie, dont on sème la graine au printemps ; il porte fleurs et fruits l'année suivante ; il aime l'eau et le grand soleil.,

Morelle de Buenos-Aires. Arbrisseau couvert, pendant tout l'été, d'une grande quantité de fleurs blanches, inodores, qui ressemblent de loin à celles de l'oranger. Il aime le grand soleil et l'eau ; dans la serre, on doit entretenir la terre dans une médiocre humidité : il se multiplie par ses rejetons.

Morelle grimpante. Douce-amère.
Vigne de Judée. Il se multiplie de graine, ou de ses racines.

Mouron en arbre. Cet arbuste se propage de boutures, aime un mélange de
terre franche avec deux tiers de terre
de bruyère ; il a besoin de l'orangerie
pour l'hiver.

Le myrte romain, à petites et à grandes feuilles.

— à fleurs doubles.

— le moyen.

— le moyen panaché.

Ces espèces et variétés aiment le soleil et l'eau, dont il faut même leur
donner un peu l'hiver ; autrement elles
perdroient leur feuilles et peut-être pé-
riroient. Les serrer de bonne heure
dans l'orangerie pour les garantir des
premières gelées blanches; elles se multiplient et se cultivent de même, c'est-
à-dire de graines, marcottes, boutures et rejetons, en terre bonne, substantielle et meuble. Quelques personnes
les tiennent en boule, et pour cela les
tondent au ciseau. La variété à fleurs
doubles est extrêmement jolie.

Néflier-amelanchier. Cet arbrisseau
de pleine terre a plusieurs variétés. Celui du Canada paroît être le plus beau ;

on le multiplie de semences, ou par la greffe sur l'épine. Tout terrain et toute exposition lui sont propres. Il y a une variété à fruit noir.

Néflier-buisson-ardent. Il lui faut une bonne terre légère et point trop de soleil : on le multiplie de semences et de marcottes.

Néflier cotoneux. Cotonaster. On le multiplie de graines, de marcottes, ou par la greffe.

Nerprun-alaterne, ou simplement *alaterne.* Arbrisseau de pleine terre, toujours vert, qui a un grand nombre de variétés, dont les plus belles sont l'alaterne panaché en jaune, et celui dont les feuilles sont bordées de blanc: on les multiplie par leurs graines, plus promptement par les marcottes, dans toutes sortes de terrains.

Nerprun-paliure. Paliure. Argalou. Porte-chapeau. Epine-de-Christ. Arbrisseau très-épineux, de pleine terre, qu'on multiplie de semences et de marcottes, et qui aime un terrain frais et ombragé.

Nerprun-Jujubier. Jujubier. Arbrisseau de pleine terre, qui demande le soleil, et qui seroit mieux l'hiver dans l'orangerie.

Olivier de Bohéme. Chalef à feuilles étroites. Cet arbrisseau rameux est de pleine terre dans les terrains chauds et sablonneux, où il supporte bien la rigueur des hivers. On le propage de marcottes ou de boutures faites en automne, dans des pots qu'on serre l'hiver en orangerie, soit au printemps en pleine terre.

Oranger. Il y en a plusieurs espèces dont quelques-unes ont beaucoup de variétés.

Oranger citronier.—Cédra.—Oranger lime douce. — Oranger de Florence. — Oranger sauvageon. — de Portugal.—Bigarade couronnée.—Bigarade violette. — Oranger turc. — Oranger chinois. — Pompoléum *ou* pompadour. — Bergamotte. —Pampelemous.

De la manière d'élever les orangers de graines.

Les orangers sont un des principaux ornemens des jardins pendant l'été ; ils forment la beauté de la serre durant l'hiver.

En tout temps, l'oranger offre une verdure charmante ; c'est l'arbrisseau le plus difficile à élever.

Avec quelques peines et des soins,

on peut, dans les climats tempérés, comme dans les pays chauds, en élever des pepins tirés des oranges et de citrons bien mûrs, que l'on conduit ainsi:

1°. Vers la fin de mars on met les pepins dans des pots à fleurs ou sur des terrines remplies au fond de trois à quatre pouces de crotin de cheval, qu'on a soin de bien presser. Les pepins de bigarades fournissent des sujets plus vigoureux, plus durables et plus vivaces, propres à être plutôt greffés.

2°. Une bonne terre argilleuse et légère, doit être employée sur ce crotin, à deux pouces près du bord.

3°. On place les pepins sur cette terre, à la distance d'un pouce les uns des autres, et on les couvre d'un pouce de terre par-dessus; pour les faire lever promptement, il faut avoir à une bonne exposition, une serre vitrée et un amphithéâtre au-dedans, composé de trois ou quatre degrés, pour y poser les pots ou terrines nouvellement semés.

Dans une serre vitrée, on fait croître promptement du jeune plant d'oranger, et on y fait fleurir les vieux dans les saisons même les plus rudes, par le secours du fumier de cheval tiré nouvellement de l'écurie, et que l'on jette dans le fond de la serre, sur lequel on pose les caisses; le fumier s'échauffe insensiblement, la chaleur monte, se communique à l'oranger dans sa caisse, le ranime et le fait fleurir.

S'il arrivoit que la serre fût trop chaude, il faut nécessairement la tenir ouverte deux ou trois heures pendant le jour, afin de faire évaporer le trop de chaleur très-pernicieuse à l'oranger; et lorsque l'on s'aperçoit que le fumier perd sa chaleur, on doit le remuer de temps en temps pour lui occasionner encore une nouvelle chaleur d'une quinzaine de jours, ou bien il faut en substituer du nouveau pour entretenir une chaleur proportionnée, jusqu'à ce que l'on voie des fleurs suffisantes sur la tête de l'oranger; alors la chaleur ne doit plus être si violente, il faut la ménager et la rendre plus modérée, sans quoi l'arbre en souffriroit trop et seroit en danger de se dépouiller peu à peu de ses feuilles. On doit exposer les pots et les terrines au grand soleil, et au défaut de pluies les arroser toujours dans la chaleur du jour.

Lorsque les pepins sont levés, il est à craindre qu'ils ne soient coupés et mangés par les cloportes : pour l'éviter, il faut élever les pots et les terrines sur quelques pierres, à la hauteur d'un pied, et avoir attention qu'il n'y ait point à portée des morceaux de vieux bois pourri, dont ces insectes proviennent et remplissent le lieu où ils se retirent.

On suppose après deux ans ces élèves assez forts pour être séparés les uns des autres, il faut alors les planter plus au large, afin de les faire profiter : cette opération se fait ordinairement vers le mois d'avril. Pour cet effet, on commence à tremper la terre, afin d'avoir la facilité de faire tout sortir à la fois, en renversant les pots ou les terrines ; on les sépare les uns des autres avec un couteau, en leur conservant le plus de terre qu'il est possible ; on coupe le bout des racines, et on les plante ensuite dans de petits pots, dont on a eu soin de faire provision avec une bonne terre argilleuse mêlée de terreau de vieille couche ; après qu'ils sont plantés, on les arrose très-médiocrement, crainte de pourriture, et toujours en plein soleil.

Manière et temps d'écussonner les orangers.

Ces jeunes plants parvenus à environ la grosseur d'une plume de cygne, il faut les écussonner en juillet, temps du fort de leur sève.

Les écussons doivent toujours se prendre sur des orangers de bonne espèce, et sur des branches bien nourries : on ne doit jamais se servir du bois de la dernière sève, ainsi qu'il se pratique pour les fruits à pepins ; il faut du bois de deux à trois sèves, pour y lever les écussons ; étant plus fort et plus rond, l'écusson s'attache et se joint mieux. Cette opération se fait de même qu'aux fruits à pepins ou à noyaux : après que les jeunes orangers sont écussonnés, on les met à l'ombre pendant sept à huit jours, afin de les faire reprendre plus aisément. Vers la fin d'octobre on les transporte dans la serre, à l'abri des injures de l'hiver, et vers le mois d'avril suivant on voit ceux qui ont repris. Alors on les coupe à un demi-pouce au-dessus de l'écusson : lorsque les écussons ont produit de beaux jets à la hauteur qu'on veut les avoir, on en coupe l'extrémité ; cette taille fait pousser des branches

propres

propres à former la tête de l'oranger.

Lorsqu'ils commencent à se former et à prendre figure, on doit leur former des têtes semblables à celle du champignon assis sur son pédicule.

En taillant un oranger dans sa plus tendre jeunesse, il faut lui donner la forme qui lui convient, afin de ne retrancher aucune branche qu'avec discernement. Il faut observer qu'un oranger écussonné de trois ou quatre ans, doit être transplanté plus au large et dans un plus grand pot, qui surtout doit être bien percé dans le fond, et garni de gravois pour l'écoulement de l'eau des arrosemens.

On fait actuellement porter fleurs et fruits à un oranger de dix-huit mois. On sème en mars ; au mois d'avril de l'année suivante, on greffe en fente les jeunes arbres, qui, au mois de septembre ou octobre suivant, sont chargés de fleurs et de fruits : pour obtenir ce succès, il faut avoir grand soin de ces jeunes arbres quand ils ont été greffés, et les placer en couche chaude et sous châssis, jusqu'à ce que la greffe soit bien reprise. Cet arbre ne dure pas plus de six à huit ans ; après quoi il dépérit et meurt.

Terres propres aux orangers.

Les terres destinées à planter les orangers, doivent être argilleuses, meubles, légères, mélangées d'un tiers de terreau de vieilles couches bien pourri : le mélange fait, il faut exposer cette terre aux injures des saisons, la remuer de temps en temps pour la rendre plus meuble, parce que rien n'est plus pernicieux à l'oranger qu'une terre ferme, revêche et aquatique.

Lorsque cette terre est restée exposée aux injures des temps, on l'emporte dans un lieu sec pour la passer par le crible le plus finement qu'il est possible, il faut toujours en avoir de reposée six mois ou un an avant d'en faire usage.

On doit éviter soigneusement de planter les orangers dans une terre humide, parce qu'elle doit être foulée dans les caisses, sans quoi elle seroit trop dure et incapable de produire, funeste et mortelle à l'oranger, qui demande une terre absolument meuble et légère.

Description des caisses, de la manière d'encaisser les orangers et du temps de le faire.

Les caisses propres aux orangers doivent être de bois de chêne, et proportionnées à la force et à la grosseur de l'arbre. Pour les conserver et les faire durer plus long-temps, il faut les faire goudronner en dedans.

Lorsque l'on veut encaisser les orangers, il faut donc considérer :

1°. Leur grosseur pour proportionner les caisses à leur force et vigueur.

2°. Observer qu'une caisse de vingt pouces en carré doit être percée de vingt trous dans le fond, assez larges pour que l'on puisse aisément y passer le petit doigt.

3°. Mettre dans le fond de chaque caisse des morceaux de pierre blanche ou gravois, gros comme le poing, jusqu'à ce que le fond en soit entièrement couvert; ces pierres rendent le fond d'une caisse sec, échauffent l'arbre, aident à rendre l'oranger vert, et sont favorables à la nourriture en ce qu'elles retiennent les sucs qui proviennent des pluies et des arrosemens, en servant en même temps à laisser passer leur trop grande abondance.

4°. Le fond des caisses couvert de pierres, on les remplit de terre un peu plus qu'à moitié, à proportion de la hauteur; on foule cette terre et on l'entasse à force, on retire ensuite l'oranger

de son pot ou de sa caisse, avec la précaution de ne pas rompre son gazon.
Avec un couteau ou une serpette bien
tranchante, on lui coupe un grand tiers
de sa motte le plus égal qu'il est possible, tant sur la rondeur que par dessous, autrement l'oranger pencheroit
toujours de quelque côté qu'on pût le
tourner.

5°. L'arbre étant prêt à planter, il
est à propos de tremper le reste de sa
motte dans l'eau jusqu'à ce qu'elle soit
bien imbibée, ce qui se connoît lorsque
l'eau ne bouillonne plus, puis on la
retire, pour la poser droit au milieu de
la caisse : il faut ensuite remettre de la
terre sur les racines, et la bien presser
avec l'attention de ne point déranger
l'arbre de la place. Il ne faut pas le
trop enterrer, on doit toujours voir le
gros des premières racines, que l'on
laisse un peu découvertes pour être
mieux frappées du soleil.

6°. Lorsqu'un oranger est trop gros
pour pouvoir être tiré de sa caisse avec
la motte, on se sert d'une poulie suspen-
due au dessus de l'oranger, par le
moyen d'une corde attachée au corps
de l'arbre, on le tirera doucement hors
de la caisse : si les orangers sont d'une

grosseur extraordinaire, il faut avoir recours à une grue, et lorsqu'ils sont retirés des caisses et suspendus en l'air, on retranche la moitié des mottes et le superflu des racines, on les descend dans d'autres caisses destinées à les recevoir.

Selon les uns, le temps de rencaisser les orangers est à la fin de septembre ; selon d'autres, ce doit être au commencement de mai; on peut réussir dans l'une et dans l'autre saison, le choix du temps de faire cette opération est à la discrétion du cultivateur. Dès que les orangers sont bien replantés, rencaissés et qu'on a soin de les arroser en la manière ci-devant prescrite, ils viendront bien : si le rencaissement se fait en mai, on doit les placer à une belle exposition ; si c'est à la fin de septembre, on les transporte tout de suite dans la serre.

Composition d'arrosement particulier, propre aux orangers, pour s'en servir trois ou quatre fois pendant l'été.

Au mois de mars, on met dans un grand tonneau environ plein une manne de crottin de mouton, autant de fiente de pigeon et une demi-manne de scieure de corne dont on se sert à faire des peignes : on remplit ce vase avec de l'eau de pluie, on mêle bien le tout ensemble, et on laisse reposer ce mélange un mois ou six semaines avant d'en faire usage. Cette composition alors est une espèce de baume, dont la force et la vertu extraordinaires donnent à l'oranger une parfaite nourriture : on ne doit faire usage de cet arrosement que trois ou quatre fois pendant l'été, une fois tous les mois seulement et toujours en plein soleil.

Les autres arrosemens ordinaires doivent se faire plus souvent et dans la chaleur du jour ; mais au mois de septembre, les nuits commençant à devenir froides, les arrosemens doivent être très-modérés.

Inconvéniens qui arrivent aux orangers.

Les orangers, ainsi que les arbres fruitiers, sont sujets à des infirmités ; elles se connoissent aux feuilles lorsqu'elles deviennent molles, se flétrissent ou jaunissent.

Il faut, 1°. dans le moment même, prendre garde à la terre, qui sera quelquefois sèche au dessus des caisses ; et trop humide au dedans, ce qui provient d'avoir été trop souvent arrosée ; on doit pour lors diminuer et ralentir les arrosemens. Si, au contraire, le dessus des caisses étoit humide et sec dans le fond, pour lors il faut redoubler les arrosemens.

2°. On doit faire attention aux caisses, les examiner, voir si elles ne sont pas défectueuses, et s'il n'y a point quelques fentes qui pourroient donner un passage trop libre aux eaux des arrosemens.

3°. Il peut encore se trouver des vers dans les caisses, qui font un tort considérable aux orangers en rongeant leurs racines, en donnant ouverture aux eaux, qui, s'écoulant trop rapidement, n'ont point le temps d'humecter la terre, ce qui rend l'arbre languissant.

4°. Si on remarque que ce soit des vers, on peut y apporter du remède par le secours d'un demi-boisseau de brou de noix, qu'on fait tremper dans l'eau l'espace de vingt-quatre heures ; après quoi on s'en sert pour arroser copieusement les orangers, elle fera sortir les vers que l'on pourra alors détruire aisément.

5°. On doit encore considérer si l'oranger n'est pas abîmé par la fourmi, qui lui fait le plus grand tort : si on en aperçoit, il faut faire une trace autour du corps de l'arbre avec de la pierre blanche, ou coller du parchemin autour du tronc, et le couvrir avec de la glu, ce qui arrête l'insecte et l'empêche de monter à la tête de l'oranger; on peut encore se servir de charbon, en frotter le corps de l'arbre pour le noircir entièrment.

Souvent les branches et les feuilles d'orangers s'emplissent de punaises; cet insecte s'engendre ordinairement sur des orangers négligés, languissans faute de soins, de culture et de nourriture, soit pour n'avoir point été arrosés, taillés, rencaissés dans le temps; car il en est à peu près des orangers comme des personnes, qui, pour se bien porter, ont besoin d'être bien entretenus.

Lors donc qu'on aperçoit les branches des orangers attaquées et infectées de semblables insectes, il faut aussitôt prendre une petite brosse qu'on trempe dans du vinaigre, en frotter toutes les branches et les feuilles attaquées : il y auroit tout à craindre pour l'arbre, si l'on attendoit la multiplication de cette vermine à un certain point, les brosses seroient alors inutiles, il faudroit dépouiller l'oranger de toutes les feuilles attaquées, et prendre un morceau d'éponge trempée dans une eau salée pour frotter toutes les branches les unes après les autres, jusqu'à ce qu'il ne reste aucune apparence de punaises.

Du choix qu'il faut faire des orangers qu'on achète.

Les orangers nous viennent des pays chauds, soit en motte, soit en bâton : dans le premier cas on ne peut s'y tromper, parce qu'on s'aperçoit facilement si la motte de terre qui entoure les racines est supposée ou naturelle; outre cela, il y a quelques branches avec leurs feuilles ; dès qu'elles cassent en les pliant, l'arbre est en bonne sève, on ne doit rien craindre pour sa reprise ; au lieu que si les feuilles obéissent sans se rompre, c'est un très-mauvais présage.

A l'égard des orangers en bâton, sans branches ni feuilles, on juge de leur bonté par l'écorce : si elle n'est point ridée et desséchée, ce qui peut se découvrir en incisant quelques endroits, si elle se détache de son bois, c'est une bonne marque : si elle y tient, c'en est une très-mauvaise ; alors ce sont des arbres altérés dont la reprise est douteuse. Au surplus, le bois découvert par l'incision doit paroître humecté du suc nourricier, l'écorce doit être jaunâtre et non noirâtre, comme il arrive ordinairement : cette noirceur ne provient que d'un trop grand et fréquent arrosement en chemin : on ne doit point faire cas des arbres atteints de semblables défauts. Il vaut mieux en élever de graines ; ils sont originairement naturalisés au climat, on peut les dresser à volonté, ils durent plus long-temps, et on évite d'être trompé.

Vers la fin d'octobre, plutôt même, si les nuits froides commencent à se faire sentir, on transporte les orangers dans la serre, pour les conserver l'hiver et les tenir à l'abri des frimats et du froid piquant qui leur sont très-funestes.

Lorsque les orangers sont rentrés dans la serre, on doit toujours tenir les fenêtres ouvertes, tant qu'il ne gèle pas assez fort pour pénétrer dans l'orangerie ; et avoir la plus grande attention de la tenir fermée dans les temps de brouillard et d'humidité.

Lorsque les gelées commencent à se faire sentir, il faut tout fermer, et de plus, poser dans la serre, près de la porte et des fenêtres, de petits vases remplis d'eau : si la gelée pénètre, les vases seront gelées avant la terre des caisses : si cela arrive, il faut mettre le feu au poële, et l'entretenir jusqu'à ce que l'eau des vases soit dégelée; ensuite il faut arroser, en donnant à chacune des grandes caisses environ un pot d'eau, et à proportion aux plus petites, et ne point manquer, chaque fois qu'on allume le poële, d'arroser aussitôt qu'on l'éteint.

La gelée passée, ou même lorsqu'il commence à dégeler, il faut ouvrir la porte et les fenêtres, afin d'y renouveler l'air, ce qui fait grand bien aux orangers. S'il arrivoit que les feuilles d'un oranger voulussent tomber et l'arbre se dépouiller étant dans la serre, il faut, au premier beau jour de temps doux et tempéré, le porter au grand air l'espace de vingt-quatre heures seulement, afin d'empêcher la chute entière.

Temps de tirer les orangers de la serre, et de la manière de cultiver ceux qui sont languissans.

Après tous les soins et attentions

que l'on a eu pendant l'hiver pour
conserver les orangers dans la serre,
s'il n'y a plus d'apparence de gelée,
on laisse la porte et les fenêtres ouvertes depuis le matin jusqu'au soir,
selon le temps, afin que l'air puisse
passer, et que l'aspect du soleil les
échauffant doucement, leur donne de
nouvelles forces.

La sève de ces arbrisseaux se réveille au printemps, et devient plus
animée; il faut de temps en temps les
arroser d'abord médiocrement, ensuite
un peu plus, suivant leurs besoins.

Avant de transporter les orangers
de la serre dans leur emplacement
d'été, il faut les accoutumer peu à peu
à l'air et au soleil, les placer dix à
douze jours le long de quelques murailles, à l'abri des vents froids et des
injures des temps.

Quelque beau que le temps paroisse,
il ne faut les placer au jardin que vers
le 15 mai; l'expérience prouve que le
temps n'est pas encore tout-à-fait sûr
plutôt, et que la saison, par intervalle, donne encore de mauvaises influences.

S'il arrive que pendant l'hiver, quelque oranger ait souffert dans la gelée,

il

il est certain que cela ne provient que d'un défaut de culture, ou de ce qu'ils y sont entrés languissans. Tels sont ceux qui ne produisent que de foibles et courtes branches, des feuilles très-petites, qui naissent les unes près des autres recoquillées, sans force, sans vigueur, jaunes, et pour ainsi dire tombées en léthargie : ils ont besoin promptement d'être rencaissés, et sans délai, en leur substituant une terre proportionnée à leur foiblesse, pour les ranimer.

Si, après avoir été ainsi rencaissés, ils ne produisent pas du bois fort et vigoureux, il faut l'année suivante, vers la fin d'avril, les couper à tête, c'est-à-dire, tailler sur vieux bois à deux ou trois pouces près du corps, et appliquer sur cette taille la cire jaune ou rouge.

On doit bien se garder de couper un oranger à tête, lorsqu'il est nouvellement rencaissé, mais bien l'année suivante, si l'arbre le demande ; autrement ce seroit le mettre en danger de périr, comme n'ayant pas encore profité de sa nouvelle nourriture, ni fait des racines assez fortes pour produire du jeune bois sur le vieux.

Taille des orangers.

Le but de la taille est de faire acquérir de belles têtes aux orangers, et de leur faire produire de belles fleurs; quant au fruit, il paroît même assez inutile d'y songer par-tout où les chaleurs ne sont point suffisantes pour le conduire à une parfaite maturité.

La taille à faire sur la tête des orangers consiste à s'attacher à les rendre beaux, vigoureux en branches et en feuilles, sans trop s'embarrasser des fleurs, puisqu'elles viennent toujours en assez grande abondance, pour que l'on soit souvent obligé d'en retrancher, pour soulager les arbres.

Il faut toujours conserver les plus fortes branches, même les gourmandes, pour peu qu'elles soient bien placées et qu'elles puissent contribuer à la beauté de l'arbre, en sorte que la perfection qu'on doit donner à la tête de l'oranger, est de lui faire acquérir une forme égale dans sa rondeur, ou, comme on l'a dit ci-devant, la figure d'un champignon naissant, plat, arrondi, sans qu'aucune branche surmonte les autres; ils doivent être bien garnis, et ne point laisser apercevoir de vide.

On doit encore retrancher plus de bois et faire la taille plus courte sur les orangers rencaissés d'un an, que sur ceux qui le sont depuis quelques années, parce qu'ayant ôté une partie de leurs racines en les changeant de caisses, on leur laisse moins de branches, afin que les racines puissent mieux nourrir celles qui restent. Il faut, pour tailler à propos les orangers, éviter un temps trop humide ou trop chaud, et profiter d'un temps tempéré.

L'attention essentielle à avoir dans la taille des orangers, est de toujours tailler les branches uniment, sur-tout les fortes, sans y laisser des ergots excédens : le temps le plus convenable pour retrancher quelques - unes des grosses branches, est environ la mi-mars, avant de les sortir de la serre.

La sève dans les orangers est toujours en action, et dans une agitation perpétuelle, et quoiqu'ils ne soient hors de la serre qu'environ cinq mois, ce temps suffit pour les entretenir dans leur perfection.

Il n'y a point d'arbre en Europe de plus longue durée que l'oranger, pourvu qu'il soit taillé, arrosé, amendé, rencaissé et enserré en temps et lieux, suivant les règles ci-dessus.

L'orange douce est humectante, rafraîchissante, propre à désaltérer ; celles amères, plus petites, sont fort estimées, fortifient l'estomac ; leur suc est cordial et humectant.

Orme. Sa variété panachée ne se propage que par la greffe sur l'orme commun.

Osteosperme-porte-collier. Arbrisseau qui se propage de boutures faites en été sur couche, ou de graines aussi semées sur couche au printemps, et repiquées en pots pleins de bonne terre substantielle. Pendant l'été, l'exposer au grand soleil et l'arroser au besoin ; l'hiver on le rentre dans l'orangerie.

Passerine filiforme. Cet arbuste demande l'orangerie, et une bonne terre substantielle : on le multiplie soit de ses rejetons, soit de marcottes, soit de boutures faites au printemps, sur couche chaude et sous châssis.

Pauline dorée. Cururu. On multiplie cet arbre par ses graines, qu'on sème au printemps, dans une couche chaude. Il lui faut une bonne terre, et en été une bonne exposition, et l'hiver l'orangerie.

Pavia à fleurs rouges. Espèce de marronier de pleine terre, qu'on greffe sur le marronier d'Inde; son fruit est un très-petit marron qui sert à le multiplier.

Périploca. Plante sarmenteuse qui s'attache à tout ce qui l'entoure; elle se multiplie de semences et de drageons.

Peuplier - baumier. Tacamahaca, espèce de petit peuplier dont on tire la gomme tacamahaca. Il lui faut, comme à tous les peupliers, un terrain humide. Il y a encore le peuplier blanc des bois, et le blanc de Hollande. — Tremble. — d'Athènes. — Noir. — Noir d'Italie. — Le peuplier liard. — de Caroline. — de Virginie. Qui tous se multiplient de marcottes, de boutures et de drageons.

Philaria à larges feuilles, philaria à feuilles moyennes, philaria à feuilles étroites, ces deux dernières espèces ont plusieurs variétés; ces arbrisseaux sont de pleine terre et ne demandent pas trop de soleil.

Phlomis frutescent. Petit arbuste toujours vert, qui se multiplie par ses graines qu'on sème sur couche, qu'on élève en pot pour le serrer dans l'orangerie.

Phlomis. Queue-de-lion. Petit arbrisseau qui se multiplie par les boutures qu'on fait au mois de mai ; il doit être placé en hiver dans l'orangerie sur le devant.

Phylica. Phylique du Cap, vulgairement *bruyère du Cap*. Petit arbuste d'orangerie, tout couvert de fleurs blanches pendant l'hiver, et qu'on multiplie de marcottes et de boutures.

Pin à pignons. Arbre toujours vert, qui produit des cônes ovales dans lesquels sont renfermées des amandes bonnes à manger, et qui se propage de semences nouvellement retirées de leurs coques.

Pin-baumier de Giléad. Sapin à odeur de baume. Grand arbre toujours vert, dont les feuilles ont une odeur agréable, et plus beau que l'épicea : on le multiplie de semences.

Pin-épicea ou *Épicea de Norwège*. Arbre toujours vert. Il y a l'épicea blanc et l'épicea noir ; ils s'élèvent de graines semées en terre de bruyère, dans des pots et à l'ombre, qu'on met en place au bout de trois ans.

Pin-sapin du Canada. Sapinette. La sapinette à feuilles d'if, la sapinette noire et la sapinette blanche, se multiplient de graines qu'on élève en pots à l'ombre, ainsi que le plant qu'on ne met en pleine terre qu'au bout de deux ou trois ans.

Pin-mélèze. Mélèze d'Europe. Il y a plusieurs espèces de ce pin, qui toutes se multiplient de semences, et qu'on place à l'ombre en pleine terre.

Pin-cèdre. Mélèze toujours vert, vulgairement *cèdre du Liban.* Grand arbre toujours vert, qu'on ne multiplie que de ses graines nouvellement tirées des cônes, mises dans des pots à l'abri du soleil et des pluies, car il faut que la terre soit très-peu humectée. On les garde dans la serre en hiver, pendant trois ans environ, après ce temps on peut les mettre en pleine terre, mais à l'ombre.

Pistachier. Cet arbrisseau, qu'il vaut mieux se procurer de graines semées sur couche chaude au printemps, que de marcottes, ne doit être mis en pleine terre qu'au bout de cinq à six ans ; il faut jusques-là, pour l'hiver, le rentrer en orangerie, et le tenir sèchement. On ne le conserve en pleine terre qu'en espalier, au midi, et en le couvrant de paillassons ou de litière sèche pendant l'hiver.

Plaqueminier de Virginie. Petit arbre de pleine terre ; il doit être placé

au nord, et dans une terre de bruyère,
ou du moins sabloneuse ; mais ses jeunes pousses sont sensibles au froid dans
le premier âge.

Platane d'orient ou *Main découpée*
— *d'occident* ou *de Virginie. Platane
à feuilles d'érable.* Ce sont de beaux
arbres qui tous les ans renouvellent
leur écorce, à qui il faut un terrain
frais : on les multiplie de semences, de
marcottes et de boutures.

Poirier à fleurs doubles. On le multiplie par la greffe sur franc.

Pommier à fleurs doubles. On le
multiplie de même.

Ces arbres ne sont que pour l'agrément.

*Potentille en arbre. Quinte-feuille
en arbre.* Ce petit arbuste de pleine
terre se multiplie de drageons, et demande une bonne terre.

Prunier à fleurs doubles. On le multiplie en le greffant sur les espèces à
fleurs simples.

Psoralée glanduleuse. Thé à foulon
du Japon. Arbuste à qui il faut une
bonne terre, beaucoup d'eau et de soleil en été : on le multiplie par les
semences sur couche chaude et sous
châssis.

Psoralée bitumineuse. Trefle bitumineux. Cet arbuste se rentre l'hiver dans l'orangerie.

Ptélé à trois feuilles., vulgairement *orme* de Samarie, *orme* à trois feuilles. Grand arbrisseau de pleine terre, qu'on multiplie de semences et de marcottes.

Rhamnoïde. Argoussier. Hippophaé. Griset. Arbrisseau qu'on propage par ses graines semées au printemps en terre légère et sabloneuse, ou par ses rejetons enracinés qu'on sépare en automne.

Rhododendrum à larges feuilles. Arbre d'or, arbre du Canada. Arbrisseau de pleine terre qui aime un terrain frais et sableux, ou la terre de bruyère : on le multiplie ou de marcottes qui s'enracinent difficilement, ou mieux de ses graines que l'on sème au printemps en terre de bruyère et dans des pots placés sur une couche moyennement chaude, d'où on ne lève le jeune plant qu'au printemps suivant.

Rhododendrum ou *rosage ferrugineux.* Petit laurier-rose des Alpes. Celui-ci plus petit dans toutes ses proportions, a, comme le précédent, l'avantage de conserver ses feuilles; il

faut le multiplier par marcottes, difficiles à faire ; il leur suffit cependant
d'un filet de racine pour reprendre sûrement : on ne doit pas les lever avant
quatre ans.

Il y a encore plusieurs espèces de
rhododendrum , qui toutes se cultivent
de même.

Rhodore du Canada. Arbrisseau qui
se multiplie de marcottes assez difficiles
à faire ; il préfère la terre de bruyère ,
tenue fraîche, à toute autre ; et l'ombre
au plein soleil.

Robinie , faux acacia. Acacia blanc
ou commun. Arbre qui se multiplie de
ses rejetons et de semences , qu'il ne faut
pas beaucoup enterrer. Le jeune plant
craint le grand soleil ; toute bonne
terre , de quelque nature qu'elle soit ,
lui est propre.

Robinie-acacia-rose. Acacia de la
Chine. Arbrisseau de pleine terre, qu'on
multiplie par la greffe en fente ou en
écusson sur le faux acacia ; il lui faut
une bonne terre et une exposition à un
moyen soleil.

Il y a encore plusieurs espèces d'a-
cacia qu'on peut cultiver.

Romarin. Arbrisseau de pleine terre,
qu'on élève aussi en pot : on le multi-

plie de marcottes, de boutures et de pieds éclatés. Il y a une espèce panachée en jaune, qu'il faut serrer l'hiver dans l'orangerie.

Ronce sans épines,—à fruits blanc, — à feuilles panachées,—à fleurs doubles. On multiplie les ronces de drageons, ou en mettant l'extrémité de la branche en terre, qui produit une racine.

Ronce odorante. Framboisier du Canada. Cet arbrisseau se multiplie par ses traces abondantes.

Rosier-églantier. Rosier sauvage. Il est très-épineux, et ne porte que des fleurs simples et de peu de durée ; mais il pousse des jets vigoureux qu'on laisse parvenir à une certaine grosseur pour recevoir ensuite la greffe d'autres rosiers ; on les replante en automne, et on les laisse bien reprendre avant de les greffer.

Rosier à cent feuilles. Charmant arbrisseau.

Rosier de Hollande, *rosier de Bordeaux* ou *gros pompon*, *rosier de Bourgogne* ou *rose petit pompon*, dont les fleurs sont une jolie miniature.

Rosier mousseux, dont les extrémités des rameaux, et les calices des fleurs sont couverts d'une espèce de poils verts-brunâtres, longs, odorans, et qui ressemblent à de la mousse. Il est difficile de trouver ce rosier franc de pied; il est ordinairement à tige, et greffé sur églantier.

Rosier de Provence, rosier de Provins, à fleurs doubles et d'un cramoisi velouté et foncé.

Rosier velu ou *hispide*. On ne cultive que la variété à fleurs doubles.

Rosier des Alpes, à odeur douce et et agréable.

Rosier des quatre saisons ou *de tous les mois*. Il y en a des variétés à fleurs roses, à fleurs roses-pâles et à fleurs blanches; toutes sont très-épineuses. Les fleurs sont ramassées en bouquets de douze, quelquefois vingt. Il donne des fleurs jusqu'aux gelées, et c'est cette espèce qu'on met sous les châssis, pour en avoir pendant l'hiver.

Rosier jaune. Il y en a une espèce à fleurs simples et une à fleurs doubles, absolument inodores.

Rosier blanc. Arbrisseau à fleurs d'un blanc de lait.

Rosier musqué, rose muscate ou *d'Alexandrie*. L'odeur est assez fine et musquée : ce sont les dernières roses.

Rosier

Rosier du Bengale. Rosier toujours fleurissant. Joli arbrisseau qui donne des fleurs toute l'année, en coupant toutes les roses à mesure qu'elles sont passées. Il y a une variété à fleurs d'un cramoisi foncé. Ces deux espèces se multiplient de boutures qu'on fait au printemps. La terre de bruyère mêlée de terre franche leur convient. Dans l'été on les expose en plein air, mais au midi, et on les arrose souvent : l'hiver on les rentre dans l'orangerie. On les greffe ausi en tige sur églantier.

Rosier toujours vert. Cette espèce garde ses feuilles toute l'année, et demande l'orangerie l'hiver.

Le rosier veut une bonne terre légère et même profonde, car ses racines aiment à courir. On le taille au ciseau aussitôt que la fleur est passée. Le rosier à cent feuilles se taille un peu court, au mois de février, avec la serpette. Le rosier n'aime point l'ombre, et doit être placé au grand air ; la pleine terre lui convient mieux que le pot : on le multiplie par marcottes, drageons et greffe qui se fait ordinairement et plus sûrement sur églantier.

Saule commun. — de Babylone, du grand-seigneur, pleureur. — odorant, à feuilles de laurier. — Marceau. Les saules se multiplient de marcottes, de boutures qu'on appelle plantards, et par la greffe ; ils aiment un terrain humide. Il y a le saule à feuille de myrte, celui de Saint-Léger, petits arbustes rampans.

Sphora du Japon. Arbre de pleine terre, qui n'est pas difficile sur le terrain, et qu'on propage de jets enracinés ou de graine.

Sophora à quatre ailes. Arbre de moyenne hauteur, qui se multiplie par ses graines, qu'on sème sur couche : il peut être risqué à l'air libre, en terre médiocre¹, quand il a acquis une certaine grandeur.

Sorbier des oiseleurs. Cochêne. Cet arbre, au quart de sa hauteur, porte fleurs et fruits : il demande une bonne terre fraîche et un moyen soleil ; il se multiplie très-promptement en le greffant sur le néflier.

Staphylée, staphylodendrum. Nez coupé, faux pistachier, patenôtier. Arbrisseau de pleine terre, qui croît aussi en buisson ; il s'accommode de toutes sortes de terrains, et de toute exposition : il se multiplie de drageons.

Stramoine en arbre. Trompette du jugement. Arbrisseau remarquable aux mois de mai et d'août par ses fleurs longues de près d'un pied, pendantes et blanches; consistantes en un long tube évasé en entonnoir plissé. Il prend très-facilement de boutures faites en avril, sur couche chaude et sous cloche à l'ombre; il n'exige que d'être à l'abri du froid, et une terre légère et substantielle; en été, on le met en plein air, et on l'arrose fréquemment.

Struthiole imbricée. Cet arbuste est assez délicat, et craint l'humidité pendant l'hiver, il faut le tenir sèchement et au jour dans l'orangerie. Il demande la terre de bruyère mêlée avec un sixième de terre franche; dans cette même terre on en fait des boutures en mai et en juin sur couche chaude et sous châssis, elles réussissent très-bien. Il y a encore le *struthiole ciliée*, et le *struthiole à feuilles larges*, qu'on cultive de même.

Sumac à feuilles d'orme. Rouvre des corroyeurs.

Sumac de Virginie. Sumac amaranthe, roseau massette. Il trace beaucoup; il a une variété à feuilles panachées.

Toutes sortes de terres et d'expositions conviennent aux sumacs, excepté l'ombre : on les multiplie de leurs traces.

Sureau. — panaché de blanc et de jaune. — à fruit vert. — du Canada. — de tous les mois. — à grappes, à fruit rouge. Un terrain un peu frais, l'ombre ou demi soleil conviennent aux sureaux qui se multiplient très-facilement de boutures.

Syringa, seringat. Arbrisseau de pleine terre, qu'on multiplie de drageons : il y a une variété à fleurs semi-doubles inodores.

Tamarisc d'Allemagne, tamarisc de Narbonne. Arbrisseaux toujours verts, qu'il est à propos de mettre dans l'orangerie quand ils sont jeunes, ils se multiplient de marcottes et de boutures.

Térébinthe. Arbre résineux, de pleine terre, qui ne demande qu'une terre ordinaire et l'exposition au soleil.

Thuïa du Canada. Arbre de vie, arbre toujours vert, qu'on multiplie de semences et de marcottes.

Thuïa de la Chine. Arbre toujours vert, plus beau que le précédent, dont le bois est incorruptible : il se multiplie de semences.

Tilleul commun, à petites feuilles, tilleul à larges feuilles, et la variété à

rameaux très-rouges. La première espèce est notre tilleul des bois, la
deuxième est le tilleul de Hollande :
on les multiplie de semences et de marcottes ; ils aiment un terrain frais.

Troêne. Arbrisseau de pleine terre,
qui conserve ses feuilles une grande
partie de l'année. On en fait des palis-
sades à hauteur d'appui ; il vient par-
tout, mais moins bien sous les arbres.

Tulipier de Virginie. Grand arbre
qui aime les fonds un peu frais, l'ombre
et le plein air. Il se multiplie par les
marcottes ou par la graine, moyen plus
sûr, mais le plus long : on la sème au
printemps, en terrines remplies de
terre de bruyère qu'on met dans l'orangerie pendant l'hiver ; on met le plant
en pépinière la troisième année, et on
le couvre de litière pendant le froid.
Quand il est assez fort, on le met en
place dans un trou profond, rempli de
bonne terre franche, douce et ameublie avec de la terre de bruyère autour
des racines, qui les aidera à faire du
chevelu ; et lorsqu'elles auront atteint
l'autre terre, l'arbre poussera vigou-
reusement, sur-tout si on l'arrose copieusement.

Verveine à trois feuilles. Verveine

odorante. Petit arbuste qu'on multiplie de marcottes ou de boutures qu'on fait en mars et avril sur couche chaude. Ces dernières réussissent difficilement; l'hiver il lui faut l'orangerie.

Vigne naine. Petit arbuste qu'on cultive à l'air libre, à l'exposition du nord, mais en terre de bruyère, On l'empaille l'hiver.

Viorne-laurier, simplement *laurier.* Il fleurit en hiver et au printemps; on l'élève en pleine terre, en le couvrant de paille pendant les gelées; mais il est prudent de le tenir an pot ou en caisse pour pouvoir l'abriter.

Viorne commune. Moinsine, man-sième. Arbrisseau qui a une variété à feuilles panachées.

Viorne - orbier. Arbrisseau appelé aussi boules ou pelotte de neige, rose de Gueldre, obier à fleurs doubles. Il fleurit difficilement à l'ombre: on le multiplie de drageons.

F I N.

TABLE

PAR ORDRE ALPHABÉTIQUE

DES MATIÈRES

contenues dans cet Ouvrage.

FIN DE LA TABLE DES MATIÈRES.

De l'Imprimerie de P. N. ROUGERON,
rue de l'Hirondelle, n° 22.

es parties ne produit, il faut datter dans le veu
a esté signifié, que la production de l'autre par‑
au Greffe, lequel acte sert de forclusion, & ainsi
cette forme, aprés ces mots :
ment en droit intervenu en l'instance le.....
production dudit C..... signification faite à sa re‑
B.... le .... que la production du demandeur
ile au Greffe, & sommation de produire de sa
considéré, La Cour.....
ne Sentence ou Jugement d'un Juge inferieur, il
r dans le veu les pieces justificatives de la de‑
rvent à faire connoistre aux Superieurs lors qu'il
motifs de la Sentence.

entence sur production des parties.